太阳能电池材料与技术实验

马元良　董栋栋　主编

图书在版编目（CIP）数据

太阳能电池材料与技术实验 / 马元良，董栋栋主编
. — 成都：电子科技大学出版社，2024.10
ISBN 978-7-5647-9416-3

Ⅰ.①太… Ⅱ.①马… ②董… Ⅲ.①太阳能电池—材料②太阳能电池—材料—实验 Ⅳ.①TM914.4

中国版本图书馆 CIP 数据核字（2021）第 274968 号

太阳能电池材料与技术实验
TAIYANGNENG DIANCHI CAILIAO YU JISHU SHIYAN
马元良　董栋栋　主编

策划编辑	杜　倩　李述娜
责任编辑	李述娜
责任校对	雷晓丽
责任印制	梁　硕

出版发行	电子科技大学出版社
	成都市一环路东一段159号电子信息产业大厦九楼　邮编　610051
主　　页	www.uestcp.com.cn
服务电话	028-83203399
邮购电话	028-83201495
印　　刷	石家庄汇展印刷有限公司
成品尺寸	185mm×260mm
印　　张	10.5
字　　数	210千字
版　　次	2024年10月第1版
印　　次	2024年10月第1次印刷
书　　号	ISBN 978-7-5647-9416-3
定　　价	48.00元

版权所有，侵权必究

前　　言

随着世界各国"零碳""碳中和"目标的逐步推进，发展包括光伏在内的可再生能源已成为全球共识，光伏发电也逐步成为各国具有竞争力的发电技术。

近年来，我国可再生能源实现了跨越式发展，各类可再生能源开发利用规模快速增长，水电、风电、光伏发电、生物质发电的累计装机规模均已连续多年稳居全球首位。

国家能源局近日发布的数据显示：截至2024年6月底，全国可再生能源发电装机达到16.53亿千瓦，同比增长25%，约占我国发电总装机的53.8%。其中，太阳能发电装机7.14亿千瓦。2024年上半年，全国可再生能源发电新增装机1.34亿千瓦，同比增长24%，占全国新增电力装机的88%。其中，太阳能发电新增1.02亿千瓦。

作为全球光伏电站装机容量较大的国家，我国在太阳能光伏领域的人才非常缺乏，相关的教材和配套图书也很不完善，相关的实验教材更是稀缺。本书根据青海民族大学材料物理专业开设的太阳能电池材料与技术课程中的实验教学需要编写，先以晶体硅太阳能电池为基础，了解太阳能电池原理、基本性能参数，再逐步拓展到薄膜太阳能电池和有机太阳能电池等，达到理解太阳能电池原理和工艺的目的。

对太阳能电池的研究范围涉及材料学、物理学、微电子学等学科，随着半导体材料制备技术的不断发展，对太阳能电池的研究也日趋完善和深入。编者多年来从事太阳能电池材料及应用技术研究，并努力将研究成果应用于教学，注重以实验加深学生对太阳能电池原理的理解，掌握太阳能电池的制备工艺。

本书在编写过程中参考了李伟主编的《太阳能电池材料及其应用》等教材，在此表示感谢。由于编者能力所限，书中出现疏漏在所难免，敬请各位同行批评指正。

编　者
2024年7月

目　　录

绪论　　　　　　　　　　　　　　　　　　　　　　　　　　　　1

第一章　太阳能电池的基本特性测试　　　　　　　　　　　　19

　　实验一　太阳辐射强度的测量　　　　　　　　　　　　　　21
　　实验二　太阳能电池的伏安特性测试（1）　　　　　　　　　26
　　实验三　太阳能电池的反向电流测试　　　　　　　　　　　34
　　实验四　太阳能电池的伏安特性测试（2）　　　　　　　　　39
　　实验五　太阳能电池的量子效率测试　　　　　　　　　　　44

第二章　晶体硅太阳能电池　　　　　　　　　　　　　　　　51

　　实验一　硅材料电学性能的测试　　　　　　　　　　　　　53
　　实验二　丝网印刷法制备太阳能电池正面电极　　　　　　　62
　　实验三　太阳能电池减反射膜的制备　　　　　　　　　　　67
　　实验四　晶体硅太阳能电池的隐裂检测　　　　　　　　　　71

第三章　化合物、有机太阳能电池　　　　　　　　　　　　　81

　　实验一　制备 TCO 玻璃　　　　　　　　　　　　　　　　83
　　实验二　溶胶－凝胶法制备化合物薄膜　　　　　　　　　　88
　　实验三　制备染料敏化太阳能电池　　　　　　　　　　　　91
　　实验四　制备 CIS 基薄膜太阳能电池光的吸收层　　　　　　99

实验五　薄膜太阳能电池的表面光电压谱测试　　104
　　实验六　薄膜太阳能电池的少子寿命测试　　111

第四章　电池材料的制备（设计性实验）　　119
　　实验一　高能球磨法制备纳米硅粉　　121
　　实验二　沉淀法制备纳米氧化锌粉体　　125
　　实验三　溶胶-凝胶法制备纳米二氧化钛粉体　　129
　　实验四　气相沉积法制备石墨烯　　132
　　实验五　钙钛矿太阳能电池光吸收层的制备　　137
　　实验六　薄膜光学性能的测量　　141
　　实验七　二氧化钛电极材料的结构表征　　145
　　实验八　二氧化钛电极材料的形貌表征　　152

参考文献　　159

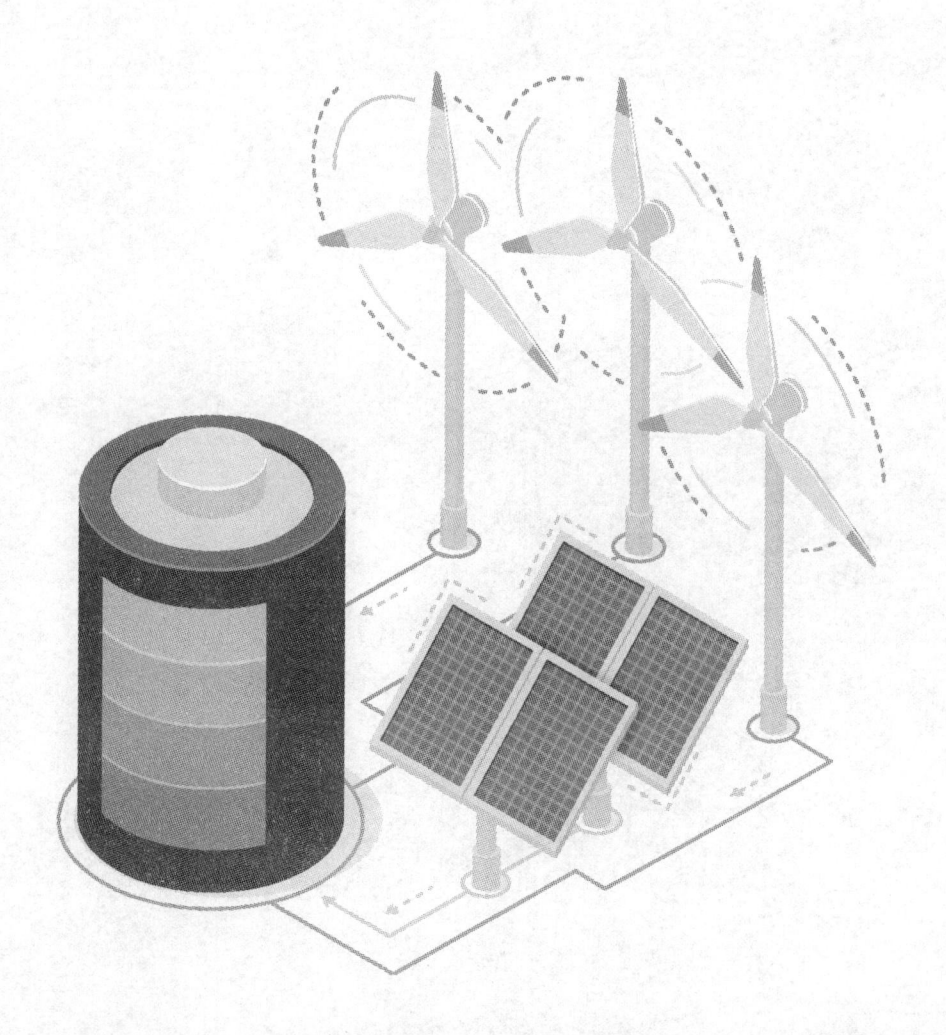

绪　　论

一、太阳能电池

（一）太阳能电池及其发展

太阳能电池是通过光电效应或光化学效应直接把光能转化成电能的装置。其核心部件是一种利用太阳光直接发电的光电半导体薄片，又称为"太阳能芯片"或"光电池"，当有一定照度条件的光照射时，瞬间就可输出电压并在回路中产生电流，在物理学上称为太阳能光伏，简称光伏。

1839年，法国物理学家亨利·贝克勒尔（A.E.Becquerel）在研究光对电解液中的金属盐和电极的作用时，首次观察到插在电解液中两电极间的电压随光照强度变化的现象。1883年，美国的发明家查尔斯·弗里兹（Charles Fritts）用在硒半导体上覆上一层极薄的金层所形成的半导体金属结制成第一块太阳能电池器件。虽然这块太阳能电池器件的转换效率只有1%，但是此后太阳能电池的制备和应用研究逐步展开。1905年，阿尔伯特·爱因斯坦（Albert Einstein）在普朗克黑体辐射理论的基础上，首次提出了光子理论，成功解释了光电效应现象。20世纪50年代以来，随着对半导体物性的逐渐了解及加工技术的进步，科研人员对光电转换半导体材料的研究逐步深入。1954年，美国贝尔实验室的D.M.蔡平（D.M.Chapin）等人在用半导体做实验时发现了在硅中掺入一定量的杂质后对光更加敏感这一现象，制出了第一个实用型晶体硅太阳能电池。随后，它被应用于人造地球卫星。同年，美国的D.C.雷诺兹（D.C.Reynolds）等人发明了硫化镉（CdS）太阳能电池。1955年，德国西门子实验室的R.Gremmelmeier发明了砷化镓（GaAs）太阳能电池。此后，太阳能电池被广泛应用于航天工业，并逐步向民用化推广。

1.太阳能电池的特点

为了提高太阳能电池的光电转换效率，科研人员基于不同材料、不同结构研发了各种类型的电池。2003年，澳大利亚新南威尔士大学的马丁·格林（Martin Green）教授基于所用的材料特点与太阳能电池的性能，提出了第三代太阳能电池的概念。三代太阳能电池的特点如下。

第一代：以硅片为基础，基本特点是效率高、性能稳定，但成本较高；

第二代：薄膜太阳能电池，即非晶硅太阳能电池、碲化镉太阳能电池、铜铟镓硒太阳能电池，特点是所用半导体材料少，成本较低，但效率也较低，具有不稳定或原料稀少等问题；

第三代：仍然是薄膜电池，采用纳米技术或量子点结构等，同时实现了高效率和低成本。这类电池目前仅处在试验阶段，无量产产品。

2. 太阳能电池的分类

太阳能电池按结晶状态可分为结晶系薄膜式和非结晶系薄膜式两大类，前者又分为单结晶形和多结晶形。根据所用材料的不同，太阳能电池还可分为硅太阳能电池、多元化合物薄膜太阳能电池、聚合物多层修饰电极型太阳能电池、纳米晶太阳能电池、有机薄膜太阳能电池、塑料太阳能电池等，其中，硅太阳能电池是目前发展较成熟的，在应用中居主导地位。下面介绍几类太阳能电池。

（1）硅太阳能电池。硅太阳能电池主要以半导体硅材料为基础，分为单晶硅太阳能电池、多晶硅薄膜太阳能电池和非晶硅薄膜太阳能电池三种。其中，单晶硅太阳能电池的转换效率最高，技术也最为成熟。

单晶硅太阳能电池在大规模应用和工业生产中仍占据主导地位，但由于单晶硅成本高，大幅度降低其成本很困难。为了节省硅材料，科研人员研究出了多晶硅薄膜太阳能电池和非晶硅薄膜太阳能电池，并将其作为单晶硅太阳能电池的替代产品。多晶硅薄膜太阳能电池与单晶硅太阳能电池相比较，成本低廉，但效率高于非晶硅薄膜太阳能电池。非晶硅薄膜太阳能电池成本低，质量轻，转换效率较高，便于大规模生产，有极大的潜力。但受制于其材料引发的光电效率衰退效应，稳定性不高，直接影响了它的实际应用。如果能进一步解决稳定性问题及提高转换效率，非晶硅太阳能电池将是太阳能电池的主要发展产品之一。

（2）多元化合物薄膜太阳能电池。多元化合物薄膜太阳能电池是基于直接带隙的化合物半导体材料制备的薄膜电池。它主要有Ⅱ-Ⅳ族的硫化镉（CdS）、碲化镉（CdTe）等，Ⅲ-Ⅴ族的砷化镓（GaAs）、磷化铟（InP）等，Ⅰ-Ⅲ-Ⅵ族的铜铟锡（$CuInSe_2$）、铜铟硫（$CuInS_2$）等。其特点是材料选择较广、用料少、光吸收系数大、可制备叠层电池、适宜大面积生产等，降低了生产成本。但它也存在部分材料稀缺、有毒等问题，制约了该类电池大面积推广应用。

（3）有机薄膜太阳能电池。有机薄膜太阳能电池是在无机半导体太阳能电池的基础上，结合近几年兴起的有机高分子半导体材料和相关电子转移理论而发展起来的新型电池。有机材料来源广泛且本身的生产条件相对温和、有机分子的化学结构容易修饰等，因此，用有机材料制作的太阳能电池满足成本低、耗能少、制作方便和易于得到大面积柔性器件的要求。

有机太阳能电池的研究起步较晚，到目前为止，对有机太阳能电池的基本物理过程和影响因素的研究还不是很透彻，但从发展趋势来看，随着太阳能电池制造技术的改进以及新的光电转换装置的发明，人们预测，在未来5～10年，第一代有机太阳能电池可进入市场。

（二）太阳能电池的工作原理

1. 基本原理

（1）光伏效应。太阳能电池是实现光电转换的核心装置，其基本原理就是光生伏特效应（简称光伏效应），所以太阳能电池也被称为光伏电池。

（2）光电效应。光电效应指光照射到金属上，引起物质的电性质发生变化。这类光变致电的现象被人们统称为光电效应。光电效应分为光电子发射、光电导效应和阻挡层光电效应，又称光生伏特效应。前一种现象发生在物体表面，又称外光电效应。后两种现象发生在物体内部，称为内光电效应。当照射光波长小于某一临界值时方能发射电子，即极限波长，对应的光的频率叫作极限频率。光电效应发射出来的电子叫作光电子。

（3）光化学效应。光化学效应主要是以具有光敏性质的有机物作为半导体材料，以光伏效应产生电压形成电流，实现太阳能发电的现象。一般会涉及电介质和化学反应，如染料敏化太阳能电池就是以此效应为基础的。

光伏效应与光电效应在本质上是相同的，而就光电效应所产生的电子的位置而言，也可以将这两者区分为外光电效应和内光电效应。但不论是光电效应、光伏效应，还是光化学效应都可以产生光电子，这也是形成光电流的必要条件。

目前人们普遍认为，光伏效应是太阳能电池发展的基础，作为从光能到电能的转换器件的太阳能电池必须具备以下三个基本条件。

① 入射光子能够被吸收并产生电子－空穴对；

② 所产生的电子－空穴对在可能的复合之前就能够被分离出来；

③ 分开的电子与空穴能够被传输到外电路及负载上。

按照以上条件，目前半导体是太阳能最适合的材料。像所有半导体器件一样，太阳能电池的核心结构是 PN 结，PN 结中的空间电荷区内由施主正离子和受主负离子形成的内建电场是实现电子与空穴分离的重要的物理条件。以晶体硅太阳能电池为例，在太阳光照射下，太阳能电池的光电流主要来自以下三个部分。

① 空间电荷区的电子和空穴在内建电场作用下形成的漂移电流；

② N-Si 区的少数载流子 - 空穴所形成的扩散电流；

③ P-Si 区的少数载流子 - 电子所形成的扩散电流。

2. 工作原理

以硅太阳能电池为例，太阳能电池的结构示意图如图 0-1 所示。其核心部件是 PN 结。太阳能电池的前电极（负极）收集光电子，通过负载与背电极（正极）构成闭合回路。

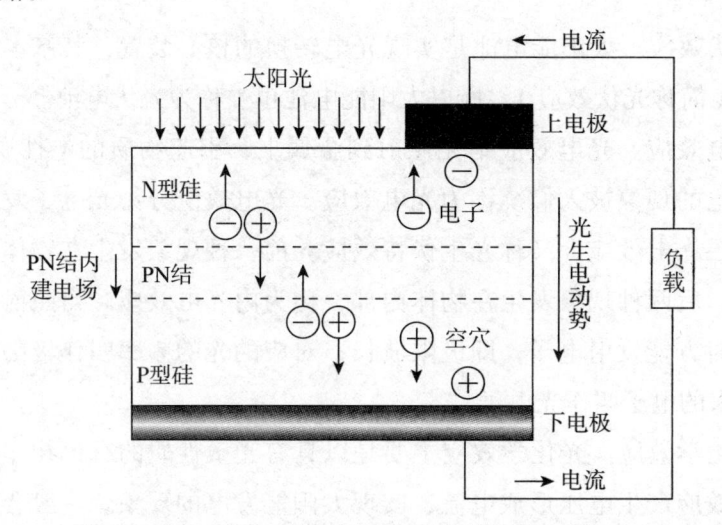

图 0-1 太阳能电池的结构示意图

PN 结中的电子 - 空穴对运动示意图如图 0-2 所示。当 N 型半导体和 P 型半导体相接触时形成 PN 结，多数载流子的扩散会在 N 型半导体和 P 型半导体接触处形成空间电荷区，并且出现不断增强的由 N 型指向 P 型的内建电场，从而产生少数载流子的漂移电流。当多子的扩散电流和少子的漂移电流相等时，动态平衡形成。

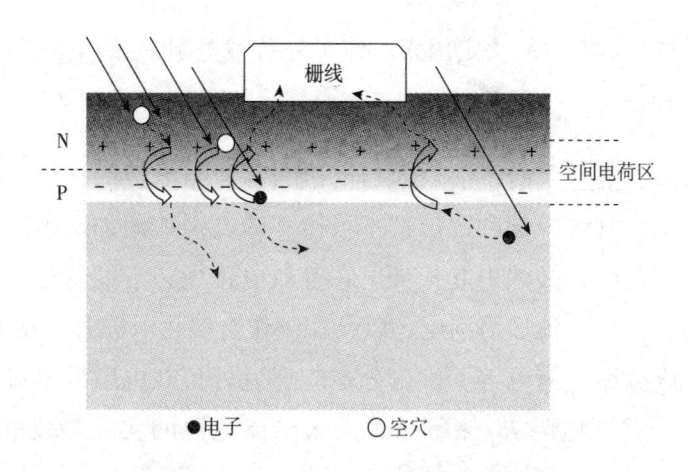

图 0-2　PN 结中电子 – 空穴对运动示意图

当光照射到 N 型半导体表面时，半导体内部产生电子 – 空穴对，在 PN 结附近生成的电子 – 空穴对受内部电场的作用，电子流入 N 区，空穴流入 P 区，结果使 N 区储存了剩余的电子、P 区有过剩的空穴。它们在 PN 结附近形成与势垒方向相反的光生电场。光生电场除部分抵消势垒电场的作用外，还使 P 区带正电、N 区带负电，在 N 区和 P 区之间的薄层就产生了电动势，这就是光伏效应。

若将拥有负载的外部电路分别连接到太阳能电池的背电极和栅线电极，光照产生的电池内部电流将会不断地通过外电路，从而实现太阳能到电能的转化。

3. 等效电路

图 0-3 是利用 PN 结光伏效应做成的理想太阳能电池的等效电路图。

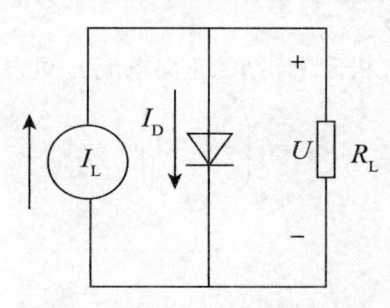

图 0-3　理想太阳能电池的等效电路图

图 0-3 把光照下的 PN 结看成理想二极管和恒流源并联，R_L 为外负载电阻。恒流源的电流即为光生电流 I_L，PN 结的结电流用通过二极管的电流 I_D 表示，I_L 和 I_D 都流经 PN 结但方向相反。这个等效电路的物理意义是太阳能电池经光照后产生一定的光生电流 I_L，其中一部分用来抵消结电流 I_D，另一部分即为供给外负载的电流 I。其端电压 U、结电流 I_D 以及光生电流 I 的大小都与外负载电阻 R_L 有关，

但外负载电阻并不是唯一的决定因素。流过外负载电阻 R_L 的电流为

$$I = I_L - I_D \tag{0-1}$$

实际的太阳能电池,由于前表面与电极、背面与电极的接触,以及材料本身具有一定的电阻,材料内部和顶层都不可避免地要引入附加电阻。流经外负载电阻的电流经过它们时,必然引起损耗。在等效电路中,它们的总效果可用一个串联电阻 R_s 表示。由于电池边沿漏电,以及在制作金属化电极时,在电池的微裂纹、划痕等地方形成金属桥漏电等,一部分本应通过外负载电阻的电流短路。这种作用的大小可用一并联电阻 R_{sh} 来等效,则太阳能电池的实际等效电路图如图 0-4 所示。

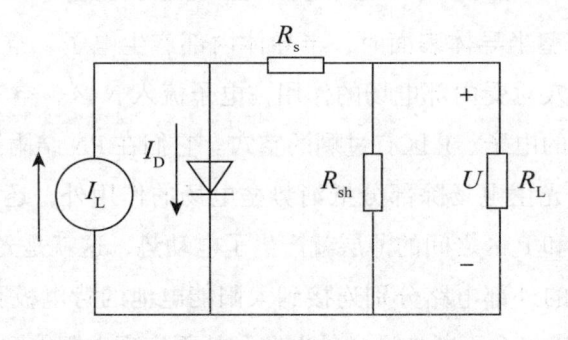

图 0-4 太阳能电池的实际等效电路图

(三) 太阳能电池的性能参数

根据扩散理论,流过二极管 PN 结的正向电流 I_D 可以表示为

$$I_D = I_0 \left(e^{\frac{qU_j}{kT}} - 1 \right) \tag{0-2}$$

式中,U_j 是光生电压;

I_0 是反向饱和电流;

k 是玻尔兹曼常量。

因此,流过外负载电阻的电流为

$$I = I_L - I_0 \left(e^{\frac{qU_j}{kT}} - 1 \right) \tag{0-3}$$

外负载两端的电压为

$$U = \frac{k_0 T}{q} \ln \left(\frac{I_L - I}{I_0} + 1 \right) \tag{0-4}$$

这就是外负载电阻流过的电流与电压的关系，也就是太阳能电池的伏安特性。当由作为电源的太阳能电池对外电路供电时，根据电流－电压特性，所得到的相应的 I-U 曲线如图 0-5 所示。该曲线包含着一系列相关的电学基本特征参数，主要有短路电流、开路电压及填充因子、转换效率等。

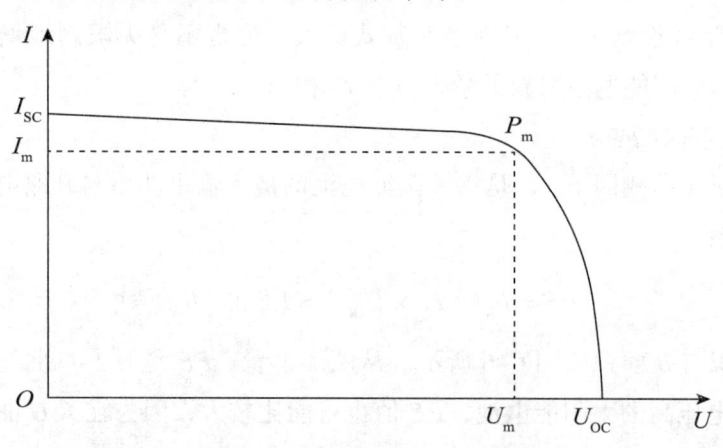

图 0-5　太阳能电池的 I-U 曲线

1. 短路电流（I_{SC}）

若将太阳能电池的正负极短路（$U=0$），则 $I_D=0$，此时电流为太阳能电池的短路电流 I_{SC}。由式（0-1）可知，短路电流 I_{SC} 就是光生电流 I_L。I_{SC} 随着光强的变化而变化，源于光生载流子的产生和收集。对于电阻阻抗最小的理想太阳能电池，I_{SC} 是电池能输出的最大电流，其大小取决于以下几个因素。

（1）太阳能电池的表面积。要消除太阳能电池对表面积的依赖，通常须改变短路电流密度而不是短路电流大小。

（2）光子的数量（入射光的强度）。电池输出的短路电流的大小直接取决于光照强度。

（3）入射光的光谱。测量太阳能电池时，我们通常使用标准的 1.5 大气质量光谱。

（4）电池的光学特性（吸收和反射）。

（5）电池的收集概率。它主要取决于电池表面钝化和基区的少数载流子寿命。

2. 开路电压（U_{OC}）

当太阳能电池的正负极不接负载（$R_L = \infty$），即 $I=0$ 时，两端的电压就叫作开路电压。将 $I=0$ 代入式（0-4），得

$$U_{OC} = \frac{k_0 T}{q} \ln\left(\frac{I_L}{I_0} + 1\right) \quad (0-5)$$

太阳能电池的开路电压 U_{OC} 不随电池片面积的变化而变化，一般为 0.5～0.7 V。U_{OC} 的大小相当于光生电流在电池两边加的正向偏压。随着光照强度的增大，I_{SC} 呈线性增大，U_{OC} 则呈对数式增大，但也不是无限制地增大。实际情况下，U_{max} 与太阳能电池材料的禁带宽度 E_g 相当。

3. 填充因子（FF）

填充因子（曲线因子），是指太阳能电池的最大输出功率与开路电压和短路电流乘积的比值，即

$$FF = P_m / (I_{SC} \times U_{OC}) = A \text{ 面积} / B \text{ 面积} \quad (0-6)$$

式中，A 面积与 B 面积如图 0-6 所示。从图形上看，FF 是对 I–U 曲线的矩形面积的测量，则电压高的太阳能电池，FF 值也可能比较大，因为在 I–U 曲线中剩余部分的面积会更小。FF 就是能够占据 I–U 曲线区域最大的面积。

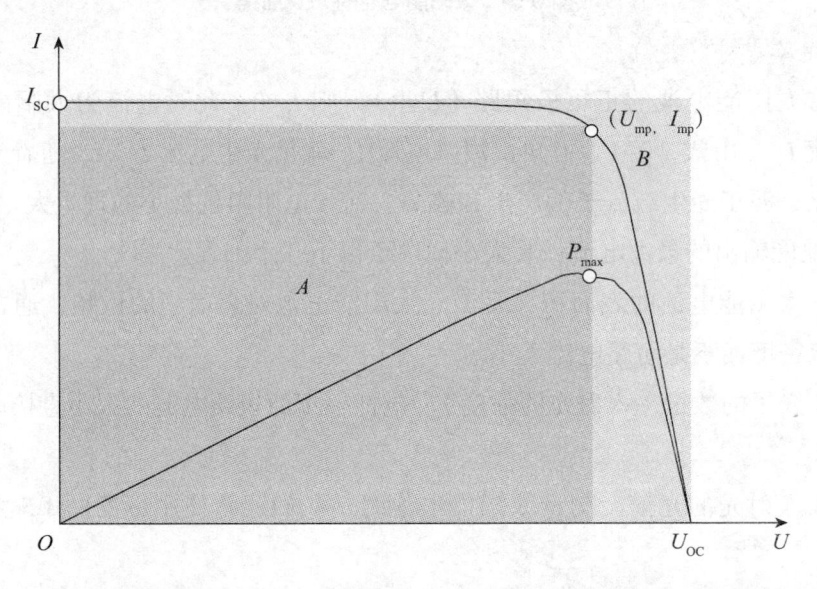

图 0-6　I–U 曲线中的 I_{SC}、U_{OC}、FF 关系图

电池的开路电压越高，填充因子就越大。然而，材料相同的电池的开路电压，它们的变化也相对较小。填充因子系数一般为 0.5～0.8。例如，在 AM 1.0 下，实验室硅太阳能电池和典型的商业硅太阳能电池的开路电压之差大约为 120 mV，填充因子分别为 0.85 和 0.83。然而，不同材料的电池的填充因子的差别则可能非常大。例如，砷化镓太阳能电池的填充因子能达到 0.89。

填充因子是衡量太阳能电池输出特性的重要指标,代表太阳能电池在带最佳负载时能输出最大功率的特性,其值越大表示太阳能电池的输出功率越大。实际上,由于受串联电阻和并联电阻的影响,太阳能电池填充因子的值要低于理想值。串联电阻、并联电阻对填充因子有较大影响。串联电阻越大,短路电流下降越多,填充因子也随之减少得越多;并联电阻越小,这部分电流就越大,开路电压就下降得越多,填充因子随之也下降得越多。

4. 转换效率(η)

太阳能电池的转换效率是指在外部回路上连接最佳负载电阻时的最大能量转换效率,等于太阳能电池受光照时的最大输出功率与照射到电池上的太阳能量功率的比值,即

$$\eta = P_{max}/P_{in} = (FF \times I_{SC} \times U_{OC})/P_{in} \tag{0-7}$$

式中,P_{max} 为电池片的峰值功率;

P_{in} 为电池片的入射光功率。

太阳能电池的光电转换效率是衡量电池质量和技术水平的重要参数,它与电池的结构、结特性、材料性质、入射光的光谱和光强、工作温度、放射性粒子辐射损伤和环境变化等有关。所以,在比较两块电池的性能时,必须严格控制其所处的环境。

5. 入射光子-电流转换效率(IPCE)

太阳能电池的光谱响应性能,通过单色入射光子-电流转换效率(IPCE)谱来描述。IPCE 是指太阳能电池的光生载流子数目与照射在太阳能电池表面的单色光子数目的比率。由于 IPCE 与光的波长或能量有关,因此 IPCE 谱一般是效率随着波长变化的谱线。显然,IPCE 与太阳能电池对照射在太阳能电池表面的各个波长的单色光的响应有关。对于一定波长的光子,如果太阳能电池完全吸收了所有的光子,且外电路搜集到由此产生的少数载流子,那么太阳能电池在此波长下的 IPCE 为 1。理想中的太阳能电池的 IPCE 图形是正方形,也就是说,对于全谱范围内的测试,太阳能电池的 IPCE 是一个常数。而在实际情况下,绝大多数太阳能电池的 IPCE 会因为光生载流子复合效应而降低,被复合的载流子不能流到外电路中。

二、太阳能电池的制备工艺

（一）太阳能电池的制备工艺

以晶体硅太阳能电池为例，太阳能电池制备工艺流程图如图0-7所示。

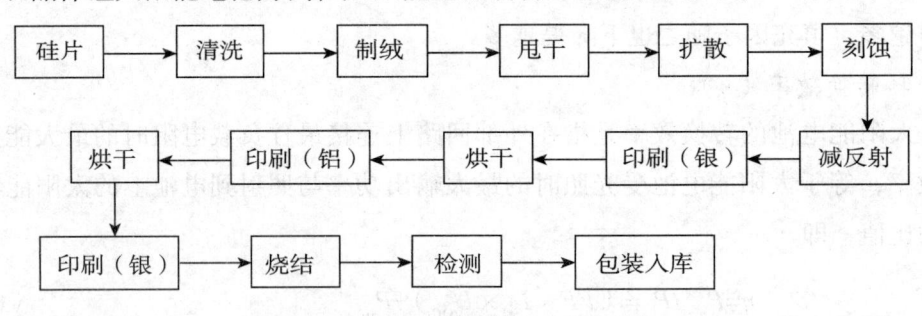

硅片 → 清洗 → 制绒 → 甩干 → 扩散 → 刻蚀 → 减反射 → 印刷（银）→ 烘干 → 印刷（铝）→ 烘干 → 印刷（银）→ 烧结 → 检测 → 包装入库

图0-7 太阳能电池制备工艺流程图

1. 清洗与制绒

在80~90℃的环境下，采用20%~30%的NaOH或KOH溶液对单晶硅片进行表面的清洗，去除硅片因切割产生的损伤层；若是多晶硅片，则用硝酸、乙酸和氢氟酸的混合溶液进行处理。

制绒的目的是在单晶硅片表面形成倒金字塔形状的"绒面"，以增大硅片表面受光面积、提高光吸收率。制绒的方法可用机械刻槽或碱溶液刻蚀，其具体的反应方程式为

$$2NaOH+Si+H_2O \longrightarrow 2H_2\uparrow +Na_2SiO_3 \quad (0-8)$$

单晶硅片表面生成的二氧化硅则可用氟氢酸去除，其反应方程式为

$$6HF+SiO_2 \longrightarrow 2H_2O+H_2SiF_6 \quad (0-9)$$

再使用盐酸对硅片的表面进行处理，在水中溶解变成络合物，然后用喷淋的方式去除表面的杂质，烘干处理后完成制绒。

2. 扩散制结

扩散制结是在P型硅的表面上渗透一层很薄的磷，将表面变成N型，使之成为PN结。具体的过程是以三氯氧磷为扩散源，在高温环境下分解生成五氧化二磷和五氯化磷；五氧化二磷和单晶硅片发生反应，生成二氧化硅和磷单质，此时若有适量的氧气，就会和扩散源分解出的五氯化磷进一步反应，生成五氧化二磷和氯气，促进扩散制结的进行。因此，在扩散制结过程中控制扩散炉内气体中杂质

的浓度、扩散温度、扩散时间和管内气流的分布是十分重要的。

3. 等离子边缘刻蚀和去除磷硅玻璃

等离子边缘刻蚀的目的是将晶片的背面及四边做边缘绝缘处理，以去除背面及四边的 PN 结，防止正负极出现短路。单晶硅片经过扩散处理之后，在其正面以及边缘处都形成了扩散层，为降低单晶硅太阳能电池的漏电概率，须切除边缘处的扩散层。等离子边缘刻蚀通过高频的辉光放电进行反应，从而使反应气体被激活为活性粒子。这些活性粒子则是需要刻蚀的地方。等离子在和这些部位接触后，就会和硅片发生反应，继而将挥发性反应物四氟化硅去除，达到边缘腐蚀的效果。

在扩散过程中，三氯氧磷分解产生的五氧化二磷沉积在硅片表面，五氧化二磷与硅反应生成二氧化硅与磷原子，这层含有磷原子的二氧化硅层被称为磷硅玻璃。玻璃层会在电极印刷过程中，影响金属电极和硅片的接触，降低电池的转换效率，同时玻璃层还有多层金属离子杂质，会降低少子寿命，因此需要采用清洗工艺去除磷硅玻璃。

4. 化学气相沉积法镀减反射膜

在单晶硅太阳能电池上镀上一层 SiN_x 减反射膜，可减少光的反射损失，增强吸收光的强度，提高电池效率；同时，在氢原子的钝化效果下，可大幅度提升单晶硅太阳能电池开路电压以及短路电流。因此，该环节是提升电池性能的重要措施。

化学气相沉积（PECVD）法镀膜，是以低温等离子体作为动力，在加热条件下将石墨加入硅片表面，通入氮气、氨气以及四氢化硅气体，采用辉光放电技术产生等离子体，在经过一系列离子反应以及化学反应后，硅片的表面形成一层十分稳定的固态 SiN_x 薄膜。

5. 电极印刷

在太阳能电池的正面、背面制备金属电极，先用 Ag/Al 浆印刷背电极然后烘干，再采用丝网印刷技术通过 Ag/Al 浆制备前电极。丝网印刷电极的过程，是以印刷机网版上的网口作为渗透孔，在施加外界压力的条件下，使浆料通过渗透孔渗透到单晶硅太阳能电池的硅片上，烘干后形成均匀的金属栅线的过程。

6. 烧结

烧结是单晶硅太阳能电池生产的最后一个环节。其目的就是干燥硅片上的浆料，燃尽浆料的有机组分，使浆料和硅片形成良好的欧姆接触。

烧结的过程如下：

（1）室温 –300 ℃，溶剂挥发；

（2）300～500 ℃，有机树脂分解排出，需要氧气；

（3）400 ℃以上，玻璃软化；

（4）600 ℃以上，玻璃与减反层反应，实现导电。

7.测试分选

通过测试数据监控生产电池片的效率及暗电流等参数。标准测试条件如下：

（1）光源辐照度：1 000 W/m²；

（2）测试温度：25 ℃；

（3）AM1.5 地面太阳光谱辐照度分布。

根据测试数据对生产的电池片进行分选，将有相同电性能的电池片分在一起，以便做成组件。

（二）太阳能电池的组件封装

太阳能电池组件封装工艺流程图如图 0-8 所示。太阳能电池组件的封装过程，主要是进行电池片焊接、层压封装的过程。

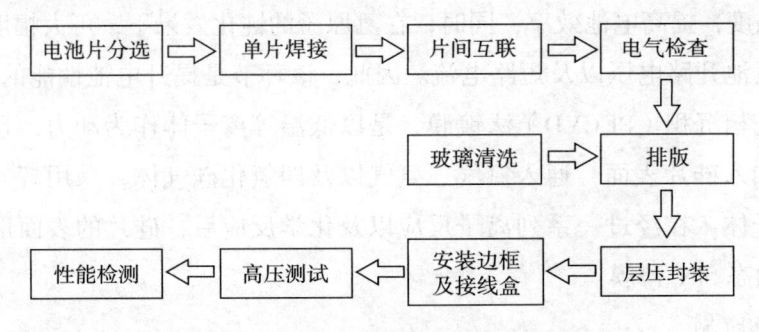

电池片分选 ⇒ 单片焊接 ⇒ 片间互联 ⇒ 电气检查 ⇒ 玻璃清洗 ⇒ 排版 ⇒ 层压封装 ⇒ 安装边框及接线盒 ⇒ 高压测试 ⇒ 性能检测

图 0-8　太阳能电池组件封装工艺流程图

电池片的焊接是将前一片的前电极（栅线）与后一片的背电极连接，即完成串联连接。电池片连接示意图如图 0-9 所示。太阳能电池组件实物、内部电池片连接示意图如图 0-10 所示，其中的防反充二极管，是防止组件内部某电池损坏后，反流现象发生的。

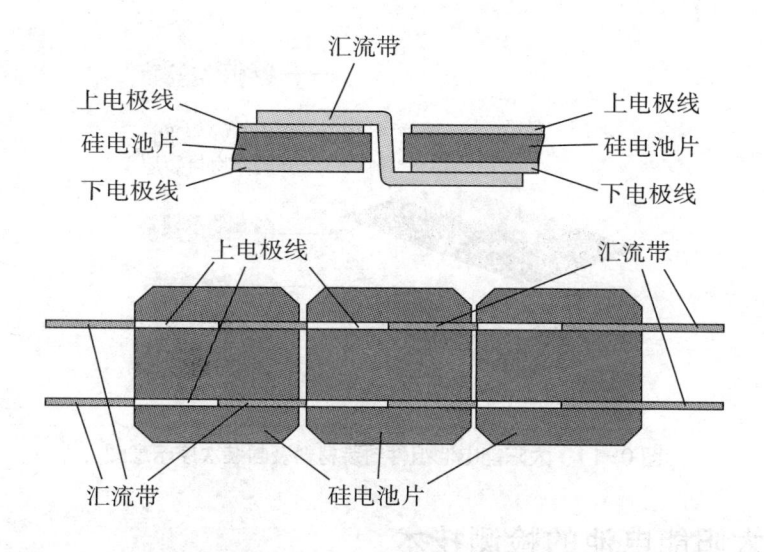

图 0-9　电池片连接示意图

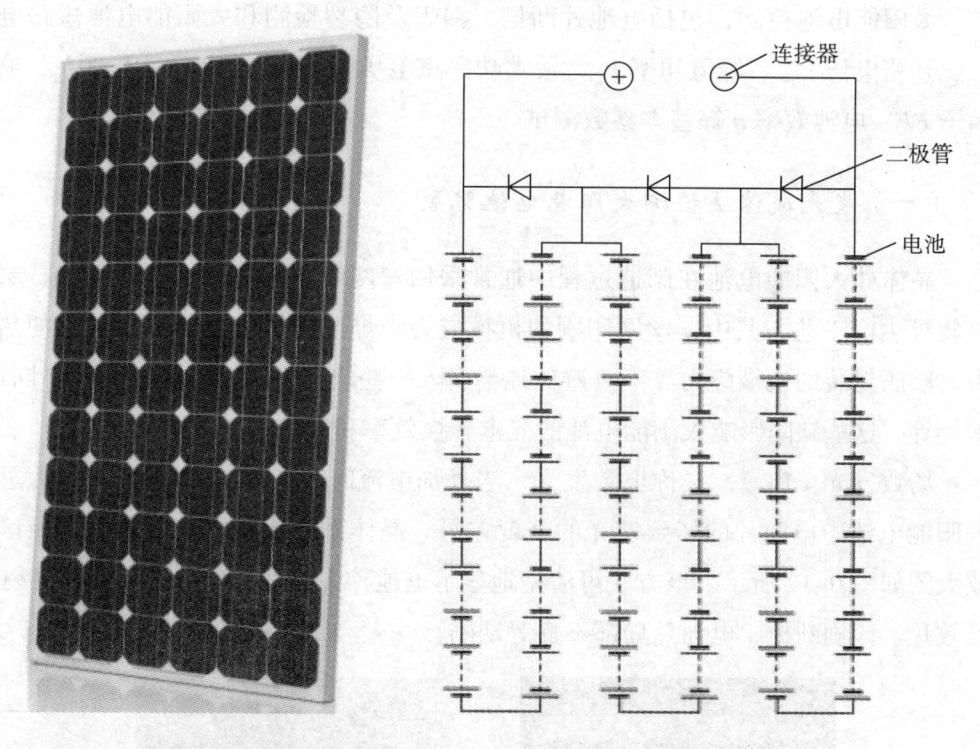

图 0-10　太阳能电池组件实物、内部电池片连接示意图

连接好的电池片、防护钢化玻璃、TPT 背板层及 EVA 薄膜的封装次序如图 0-11 所示，其中，EVA 薄膜是乙烯和醋酸共聚而成的固体薄膜，加热至 150～180℃时形成透明的热熔胶，对太阳能电池片起到密封保护作用。

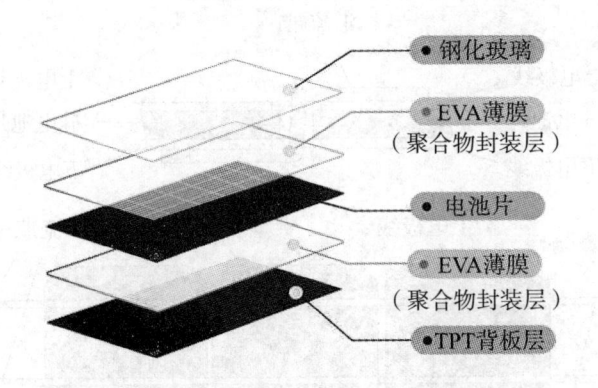

图 0-11 太阳能电池组件封装材料及封装次序示意图

三、太阳能电池的检测技术

太阳能电池检测，包括电池片断栅、漏焊及隐裂检测和太阳能电池短路电流 I_{SC}、开路电压 U_{OC}、峰值功率 P_m、最大功率点电压 U_m、最大功率点电流 I_m、填充因子 FF、电池效率 η 等基本参数测试。

（一）发光成像法检测太阳能电池隐裂

晶体硅太阳能电池在制造过程中通常采用丝网印刷、高温烧结、互联、层压封装等生产工艺，其中，丝网印刷的机械应力、焊接的热应力、高温烧结的热应力、层压封装的机械应力等不可避免地会引入一些缺陷，包括隐裂、碎片、断栅、虚焊等。这些缺陷影响太阳能电池的光电转换效率和寿命。

场致发光（EL），又称电致发光。当外加电流时，红外 CCD 相机可放大显示太阳能电池中电池片的场致发光的亮度差异。晶体硅太阳能电池的隐裂图及区域放大图如图 0-12 所示。该方法可清楚地显示电池片中的裂片（包括隐裂和显裂）、低效片、印刷断栅、电池片局部不良等缺陷。

图 0-12 晶体硅太阳能电池的隐裂图及区域放大图

（二）太阳能电池的特性参数测试

太阳能电池 I–U 特性测试仪根据应用场合的不同，可分为光伏单体测试仪和光伏阵列测试仪。

1. 光伏单体测试仪

光伏单体测试仪通过 LED 灯或氙气灯模拟光源，加虑波片使光谱达到 AM1.5 G 的测试条件，测试有光照、无光照情况下的电压、电流值，绘制 I–U 曲线、P–U 曲线，从而得到电池的短路电流 I_{sc}、开路电压 U_{OC}、峰值功率 P_m、最大功率点电压 U_m、最大功率点电流 I_m、填充因子 FF、电池效率 η。

2. 光伏阵列测试仪

以大功率、长寿命的脉冲氙灯作为模拟光源，用超高精度四通道同步数据采集卡进行测试数据采集，专业的超线性电子负载保证测试结果精确，加虑波片使光谱达到 AM1.5 G 的要求。测试时，氙灯灯头闪烁，待测的光伏组件经过光的照射，产生电流及电压，通过电子负载采集组件的相关信息（短路电流、开路电压、最大功率时的电流、最大功率时的电压、填充因子、转换效率、串联电阻、最大功率等）。

第一章 太阳能电池的基本特性测试

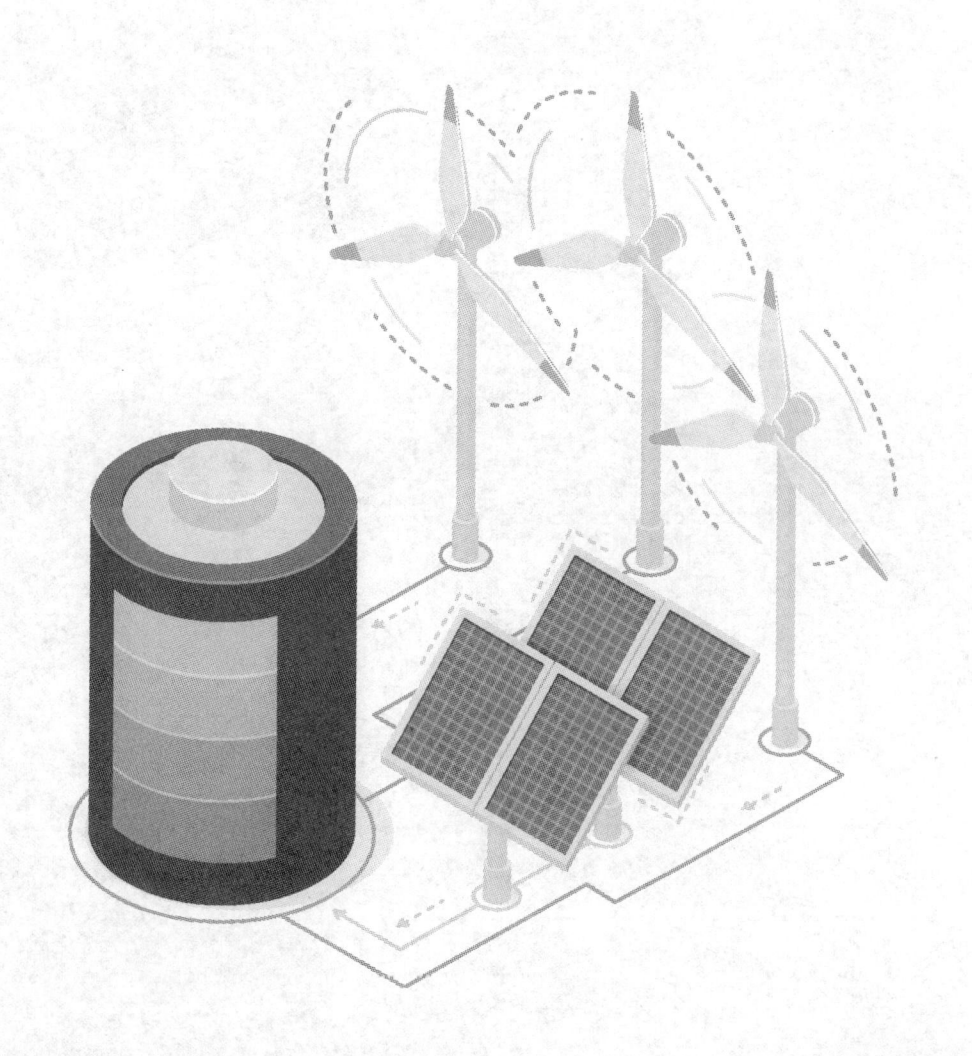

实验一 太阳辐射强度的测量

太阳能是指太阳的热辐射能，即常说的太阳光线。太阳能辐射到地面的过程中，辐射强度受大气层吸收和散射影响，还与地理位置和气象条件等有关。了解太阳辐射能及辐射强度，掌握其测量方法，以便于高效利用太阳能。

一、实验目的

（1）掌握太阳辐射的测定、计算方法。
（2）学会太阳辐射的计算。

二、实验仪器

总辐射表、辐射电流表、水平仪、指南针。

三、实验原理

（一）太阳辐射

太阳辐射是指太阳以电磁波的形式向外传递能量，是太阳向宇宙空间发射的电磁波和粒子流。太阳辐射所传递的能量，称为太阳辐射能。地球所接受的太阳辐射能量虽然仅为太阳向宇宙空间放射的总辐射能量的二十二亿分之一，但却是地球大气运动的主要能量源泉，也是地球光热能的主要来源。

如图 1-1-1 所示，太阳辐射通过大气，一部分到达地面，称为太阳直接辐射；另一部分被大气中的分子、微尘、水汽等吸收、散射和反射。被散射的太阳辐射一部分返回宇宙空间；另一部分到达地面，到达地面的这部分称为太阳散射辐射。太阳总辐射是地球表面某一观测点水平面上接受的太阳直射辐射与太阳散射辐射的总和。

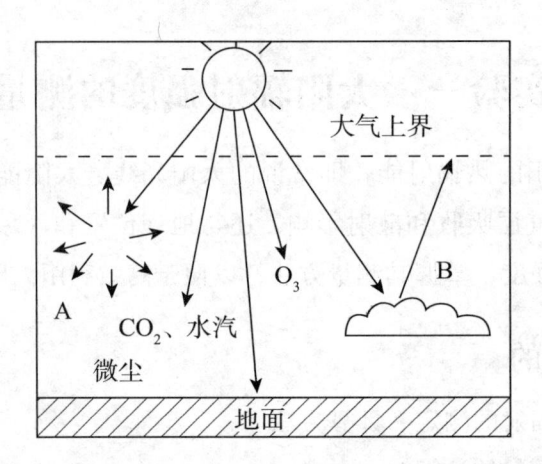

图 1-1-1　太阳辐射

（二）太阳辐射能及其影响因素

太阳以辐射形式不断向周围空间释放辐射能。反映太阳辐射能大小的物理量有辐射通量和辐射通量密度。

辐射通量：单位时间通过任意面积上的辐射能量。单位：$J \cdot s^{-1}$ 或 W。

辐射通量密度：单位面积上的辐射通量。单位：$J \cdot s^{-1} \cdot m^{-2}$ 或 $W \cdot m^{-2}$。

（1）太阳辐射强度（辐射通量密度或辐照度）：点辐射源在给定方向上发射的在单位立体角内的辐射通量。单位是 W/m^2。它是表示太阳辐射强弱的物理量。

（2）强弱关系。大气层外的太阳辐射强度取决于太阳的高度角、日地距离和日照时间。太阳高度角越大，太阳辐射强度越大。因为同一束光线，直射时，照射面积最小，单位面积所获得的太阳辐射则最多；斜射时，照射面积大，单位面积所获得的太阳辐射则少。太阳高度角因时、因地而异。一日之中，正午的太阳高度角大于早晚的；夏季的大于冬季的；低纬度地区的大于高纬度地区的。

日地距离是指地球环绕太阳公转时，由于公转轨道呈椭圆形，日地之间的距离则不断改变。地球上获得的太阳辐射强度与日地距离的平方成反比。地球位于近日点时获得的太阳辐射多于位于远日点时获得的太阳辐射。据研究，1月初地球通过近日点时，地表单位面积上获得的太阳辐射比7月初通过远日点时获得的太阳辐射多7%。太阳辐射强度与日照时间成正比。日照时间的长短，随纬度和季节而变化。

（3）影响因素。

①太阳高度角或纬度：太阳高度角越大，穿越大气的路径就越短，大气对太

阳辐射的削弱作用就越小，则到达地面的太阳辐射就越多；太阳高度角越大，等量太阳辐射散布的面积就越小，太阳辐射就越多。例如，中午的太阳辐射强度比早晚的大。

②海拔高度：海拔越高空气越稀薄，大气对太阳辐射的削弱作用越小，则到达地面的太阳辐射越多。

③天气状况：晴天云少，对太阳辐射的削弱作用小，到达地面的太阳辐射多。

④大气透明度：大气透明度高则对太阳辐射的削弱作用小，使到达地面的太阳辐射多。

⑤白昼时间的长短。

⑥大气污染的程度：污染重，则对太阳辐射的削弱作用大，到达地面的太阳辐射少。

（三）太阳辐射强度的测量

太阳辐射强度的测量一般采用间接测量的方法，即将吸收的太阳能以最小损失的形式转化成其他形式的能量，如电能、热能，以便进行测量。常用的仪器有辐射电流表、总辐射表、辐射热计等。下面仅介绍总辐射表。

1. 总辐射表

总辐射表又称天空辐射表，是用来测量水平面上的在 2π 立体角内所接受的太阳直接辐射和太阳散射辐射之和的总辐射（短波）。总辐射表是辐射观测最基本的仪器，多用于太阳能辐射站上总辐射数据监测。

总辐射表实物图如图 1-1-2 所示，它由双层石英玻璃罩、感应元件、遮光板、表体、干燥剂等部分组成。

图 1-1-2 总辐射表实物图

总辐射表根据热电效应原理设计，其中，感应元件是该表的核心部分，它由快速响应的绕线电镀式热电堆组成。感应面涂 3 mm 无光黑漆，当有阳光照射时温度升高，它与另一面的冷结点形成温差电动势。该电动势与太阳辐射强度成正比。

感应元件采用绕线电镀式双层石英玻璃罩热电堆，其表面涂有高吸收率的黑色涂层。总辐射在感应面上、而冷结点位于机体内的总辐射表，用双层石英玻璃罩产生温差电动势。在线性范围内，输出信号与太阳辐射强度成正比。为减小温度的影响，总辐射表配有温度补偿线路；为了防止环境对总辐射表性能的影响，用双层石英玻璃罩罩住总辐射表。该罩是经过精密的光学冷加工磨制而成的。总辐射表可用来测量光谱范围为 0.3～3 μm 的太阳总辐射，也可用来测量入射到斜面上的太阳辐射。若感应面向下，则可测量反射辐射；若加遮光环，则可测量散射辐射。

总辐射表输出辐射量（W/m）= 测量输出电压信号值（μV）/ 灵敏度系数（μV·W^{-1}·m），每个传感器分别给出标定过的灵敏度系数。

2. 测量方法

（1）在太阳直射辐射不被遮蔽的开阔处，安装好总辐射表，调节底板上的三个螺钉，使仪器感应面位于水平位置。辐射电流表安装在总辐射表的背面，其距离应使观测者读数时不遮挡总辐射表。

（2）将总辐射表的 2 根导线与辐射电流表的（+）、（-）端连接好，待仪器稳定后即可开始测量。

（3）测量总辐射强度时，把总辐射表头部的金属罩取下，经 40 s 后即可从电流表上读取数值；测散射辐射强度时，须用专用遮光板遮住太阳直射辐射，然后从电流表上读数；直射辐射强度可从同步测得的总辐射强度中减去散射辐射强度求得。

（4）把上述辐射电流表上的数值按仪器使用说明书中的公式换算成辐射强度。

四、实验内容及步骤

（1）记录测试地点的地理、环境数据。自拟表格，查找资料或测量测试地点的经度、纬度以及气象数据。

（2）了解总辐射表和辐射电流表的性能、参数及使用方法。

①辐射电流表：测试范围、检测精度、显示数值、使用温度、电池供电、相对湿度。

②总辐射表：灵敏度、响应时间、余弦响应、年稳定度、温度系数、光谱范围、信号输出、非线性等。

（3）分别测量测试地点的太阳直射、散射、反射强度及总辐射强度。

五、注意事项

（1）测量时，总辐射表玻璃罩应保持清洁，要经常用软布或毛皮擦拭。

（2）玻璃罩不可拆卸或松动，以免影响测量精度。

（3）应定期更换干燥剂，以防罩内结水。

六、思考题

（1）简述太阳辐射能的来源及特点。

（2）总结大气保温效应的形成原因。

（3）简述水平面太阳辐射强度与斜面太阳辐射强度的关系。

实验二 太阳能电池的伏安特性测试（1）

太阳能电池是通过光电效应或光化学效应直接把光能转化成电能的装置。太阳能电池工作的基本原理是半导体 PN 结的光伏效应。了解 PN 结的光生电压和光生电流特性，有利于理解太阳能电池的发电机理。掌握太阳能电池的伏安特性与入射光照强度的关系，是掌握光伏发电技术的基础。

一、实验目的

（1）太阳能电池的伏安特性测量。
（2）测量太阳能电池的开路电压和光照度之间的关系。
（3）测量太阳能电池的短路电流和光照度之间的关系。
（4）太阳能电池的输出特性测量。

二、实验仪器

白炽灯、太阳能电池板、光照度计、电压表、电流表、滑线变阻器、稳压电源、单刀开关、连接导线若干。

三、实验原理

（一）太阳能电池的工作原理

太阳能电池利用半导体 PN 结受光照射时的光伏效应发电。太阳能电池的基本结构是大面积平面 PN 结。图 1-2-1 为半导体 PN 结示意图。

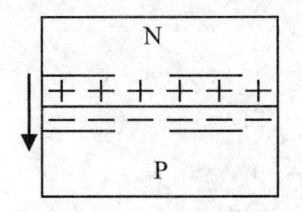

图 1-2-1 半导体 PN 结示意图

P 型半导体中有相当数量的空穴，几乎没有自由电子。N 型半导体中有相当数量的自由电子，几乎没有空穴。当两种半导体结合在一起形成 PN 结时，N 区的电子（带负电）向 P 区扩散，P 区的空穴（带正电）向 N 区扩散，在 PN 结附近形成空间电荷区与势垒电场。势垒电场会使载流子向扩散的反方向做漂移运动,最终扩散与漂移达到平衡,使流过 PN 结的净电流为零。在空间电荷区内,P 区的空穴被来自 N 区的电子复合,N 区的电子被来自 P 区的空穴复合,使该区内几乎没有能导电的载流子,因此该区又称为结区或耗尽区。

当太阳能电池受光照射时,部分电子被激发产生电子 – 空穴对,在结区激发的电子和空穴分别被势垒电场推向 N 区和 P 区,使 N 区有过量的电子而带负电,P 区有过量的空穴而带正电,PN 结两端形成电压,这就是光伏效应,若将 PN 结两端接入外电路,就可向负载输出电能。

(二)太阳能电池的等效电路

太阳能电池可等效为恒流源 I_L 与二极管 I_D 以及大阻值的电阻 R_{sh} 并联,再与小阻值的电阻 R_s 串联的简单电路模型。太阳能电池的等效电路图如图 1-2-2 所示。

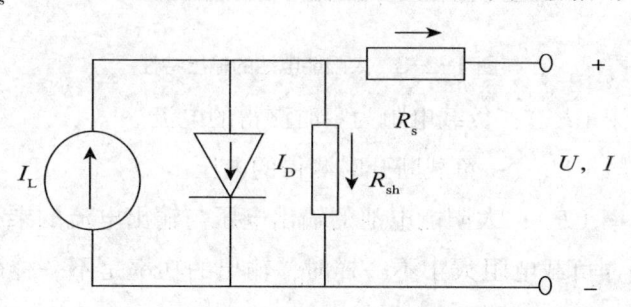

图 1-2-2 太阳能电池的等效电路图

由此,我们可以得出输出电流为

$$I = I_L - I_D - I_{sh} \tag{1-2-1}$$

或

$$I = I_L - I_{01}\left(e^{\frac{q(U+IR_s)}{kT}} - 1\right) - I_{02}\left(e^{\frac{q(U+IR_s)}{2kT}} - 1\right) - \frac{U+IR_s}{R_{sh}} \tag{1-2-2}$$

式中,I_L 为光生电流;

I_D 为饱和暗电流;

R_{sh} 为并联电阻(电池边缘漏电和结区漏电会降低并联电阻值);

R_s 为串联电阻(金属浆料电阻、烧结后的接触电阻、半导体材料电阻和横向电阻)。

注:在表达式 $q/(nkT)$ 中,理想因子为 n,可取 1 或 2。$n=1$ 反映半导体材

料体内或表面通过陷阱能级的复合；$n=2$ 描述载流子在电荷耗尽区的复合。

（三）太阳能电池的性能参数

在一定的光照条件下，改变太阳能电池负载电阻的大小，测量其输出电压与输出电流，得到伏安特性曲线，如图 1-2-3 所示的实线。

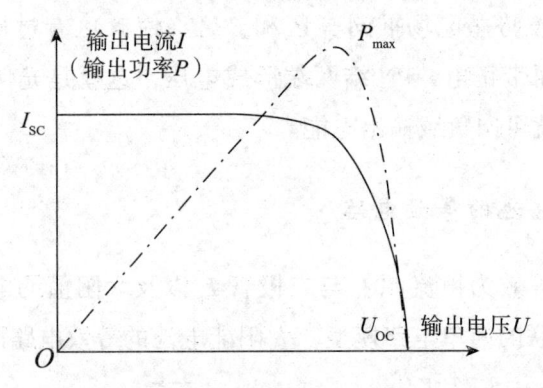

图 1-2-3　太阳能电池的输出特性

（1）短路电流（I_{SC}）：负载电阻为零时测得的电流。

（2）开路电压（U_{OC}）：负载断开时测得的电压。

（3）输出功率（P）：太阳能电池的输出电压与输出电流的乘积。在同样的电池及光照条件下，负载电阻大小不一样时，输出的功率是不一样的。若以输出电压为横坐标，输出功率为纵坐标，绘出的 P-U 曲线如图 1-2-3 所示的点划线。

输出电压与输出电流的最大乘积值为最大输出功率 P_{max}。

（4）填充因子（FF）：最大输出功率与开路电压和短路电流乘积之比。即

$$FF = \frac{P_{max}}{U_{OC} \times I_{SC}} \tag{1-2-3}$$

填充因子是表征太阳能电池性能优劣的重要参数，其值越大，电池的光电转换效率越高，一般晶体硅太阳能电池的 FF 值为 0.75～0.8。

（5）转换效率（η_s）：指在外部回路上连接最佳负载电阻时的最大能量转换效率，等于太阳能电池的输出功率与入射到太阳能电池表面的光功率之比。即

$$\eta_s = \frac{P_{max}}{P_{in}} \times 100\% \tag{1-2-4}$$

式中，P_{in} 为入射到太阳能电池表面的光功率。

太阳能电池的光电转换效率是衡量电池质量和技术水平的重要参数,它与电池的结构、结特性、材料性质、工作温度、放射性粒子辐射损伤和环境变化等有关。

理论分析及实验表明,在不同的光照条件下,短路电流随入射光功率呈线性增长,开路电压在入射光功率增加时只略微增加,不同光照条件下的伏安特性曲线如图1-2-4所示。

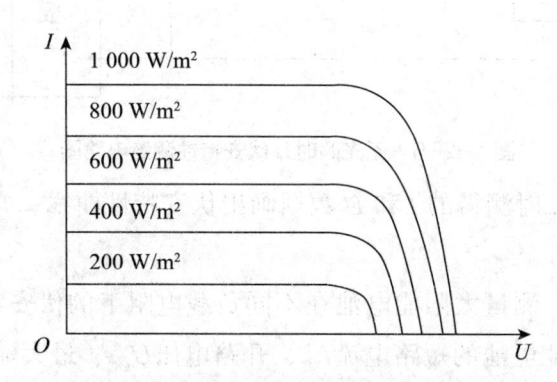

图1-2-4 不同光照条件下的伏安特性曲线

太阳光照在半导体PN结上,形成新的电子-空穴对,在势垒电场的作用下,空穴由N区流向P区,电子由P区流向N区,接通电路后形成电流。这就是光伏效应,即太阳能电池的工作原理。在没有光照时,可将太阳能电池视为二极管,其正向偏压U与通过的电流I的关系为

$$I = I_0 \left(e^{\frac{qU}{nkT}} - 1 \right) \quad \left(可令 \beta = \frac{q}{nkT}\right) \tag{1-2-5}$$

式中,I_0为二极管的反向饱和电流;

　　　n为理想二极管参数,理论值为1;

　　　k为玻尔兹曼常量;

　　　q为电子的电荷量;

　　　T为热力学温度。

四、实验内容及步骤

(1)无光照时,测量太阳能电池的伏安特性曲线(直流偏压为0～3.0 V)。

①无光照时,伏安特性测量电路连接如图1-2-5所示。

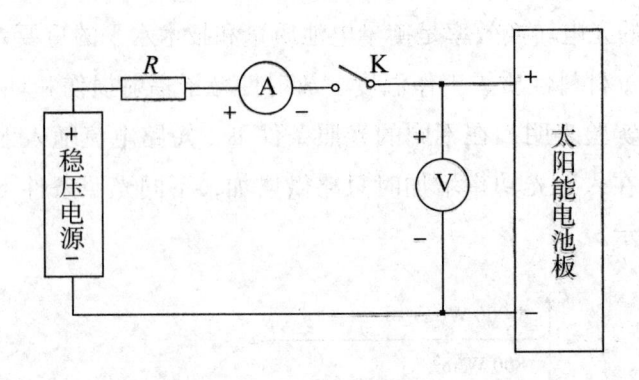

图 1-2-5　无光照时，伏安特性测量电路图

②利用正向偏压时测得的 I 和 U 数据画出伏安特性曲线，并求出常数 $\beta = \dfrac{q}{nkT}$ 和 I_0 的值。

（2）有光照时，测量太阳能电池在不同负载电阻下的伏安特性，画出伏安特性曲线；测量太阳能电池的短路电流 I_{SC}、开路电压 U_{OC}、最大输出功率 P_{max} 及填充因子 FF。注意此时光源到太阳能电池板的距离保持为 20 cm。

①恒定光源下，伏安特性测量电路连接如图 1-2-6 所示。

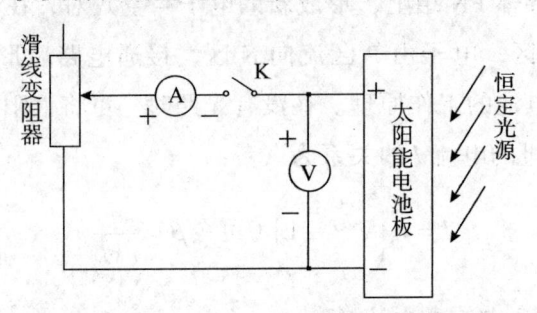

图 1-2-6　恒定光源下，伏安特性测量电路图

②测量不同负载电阻下，I 和 U 数据，画出伏安特性曲线。

③求短路电流 I_{SC} 和开路电压 U_{OC}。

④求太阳能电池的最大输出功率 P_{max} 及最大输出功率时的负载电阻。

⑤计算填充因子 FF。

（3）测量太阳能电池的光电效应与电光性质。改变太阳能电池到光源的距离，用光照度计测量该处的光照度 L，测量太阳能电池接受不同光照度 L 时相应的 I_{SC} 和 U_{OC} 的值。

①自行设计测量电路图，并连接。

②测量太阳能电池接受到不同光照度 L 时相应的 I_{SC} 和 U_{OC} 的值。

③描绘I_{SC}与光照度L之间的关系曲线,求I_{SC}与光照度L之间的近似函数关系函数。

④描绘U_{OC}与光照度L之间的关系曲线,求U_{OC}与光照度L之间的近似函数关系。

五、数据记录及处理

(1) 无光照情况下(太阳能电池板倒扣在黑橡胶桌面上),太阳能电池在外加正向偏压时的伏安特性测量。

①连接电路如图 1-2-5 所示,测量结果填入表 1-2-1。

表1-2-1 太阳能电池正向偏压时的I和U的关系

U/V	1	2	3	4	5	6	7	8
I/mA								

②在图 1-2-7 中画出太阳能电池正向偏压时的伏安特性曲线,并求出常数β和I_0的值。

图 1-2-7 伏安特性曲线

(2) 在不加偏压时,把太阳能电池板倒扣在投影仪玻璃面上,紧贴投影仪玻璃面,测量不同负载电阻时太阳能电池的输出电流与输出电压,并测量短路电流I_{SC}和开路电压U_{OC},计算最大输出功率P_{max}和填充因子FF。

①连接电路如图 1-2-6 所示,光照条件不变,改变负载电阻的阻值,测出对应的电压、电流,测量结果填入表 1-2-2。

表1-2-2　不同负载电阻时太阳能电池的输出电流与输出电压的关系

R/Ω	5	10	15	20	25	30	35	40	45	50
U/V										
I/mA										
P/mW										

R/Ω	55	60	65	70	75	80	85	90	95	100
U/V										
I/mA										
P/mW										

②计算：I_{SC} = _____，U_{OC} = _____，

P_{max} = _____，FF = _____。

③在图 1-2-8 中画出 P-R 曲线，求出 P_{max} 和对应的太阳能电池内阻 r。

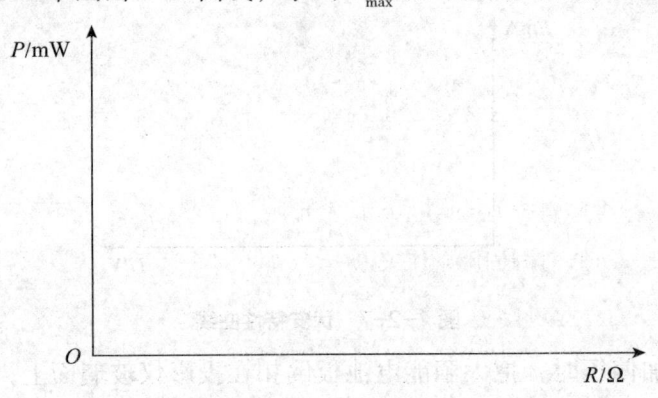

图 1-2-8　P-R 曲线

（3）测量多晶硅太阳能电池的 I_{SC} 和 U_{OC} 与光照度 L 的关系。

①连接电路如图 1-2-5 所示，负载电阻不变。

②改变光源与电池板间距 h（改变光照度），测出对应的电压、电流填入表 1-2-3。

表1-2-3　多晶硅太阳能电池的I_{SC}和U_{OC}与光照度L的关系

$L_0=$＿＿＿lx（光照度计紧贴投影仪玻璃面）。

h/cm	0	5	10	15	20	25	30	35
L/lx								
I_{SC}/mA								
U_{OC}/V								

③分别在图 1-2-9 和 1-2-10 中绘制 I_{SC}-L、U_{OC}-L 曲线。

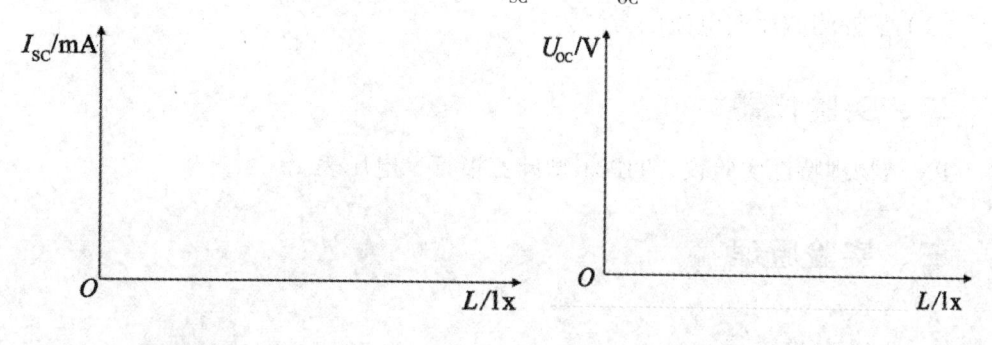

图 1-2-9　I_{SC}-L 曲线

图 1-2-10　U_{OC}-L 曲线

④把多晶硅太阳能电池板换成单晶硅太阳能电池板，重复③。

六、注意事项

（1）连接电路时，保持太阳能电池无光照条件。

（2）连接电路时，保持电源开关断开。

（3）打开白炽灯光源时间尽量要短，注意随时关掉。

七、思考题

（1）设计电路，利用两节干电池，一个电压表，一个电阻箱来测量太阳能电池在全黑条件下的伏安特性曲线。

（2）将两个太阳能电池串联，测量它们的伏安特性，并计算填充因子。

（3）将两个太阳能电池并联，测量它们的伏安特性，并计算填充因子。

实验三 太阳能电池的反向电流测试

太阳能电池的光伏效应，可以把 PN 结看成理想二极管和恒流源并联，再与外负载串联。其中，由少数载流子漂移形成的反向电流（流过 PN 结的结点流），反映了太阳能电池材料的基本特性。

一、实验目的

（1）了解反向电流的形成及其意义。
（2）掌握测试反向电流的方法。

二、实验仪器

PN 结物理特性实验仪、TIP31 型硅三极管、电压表。

三、实验原理

（一）反向电流

反向电流是由少数载流子的漂移运动形成的，同时少数载流子是由本征激发产生的。当温度升高时，本征激发加强，漂移运动的载流子数量增加。在一定温度下，由于热激发而产生的少数载流子的数量是一定的，电流趋于恒定，这时的电流就是反向饱和电流。其数值决定于温度，几乎与外加电压无关。从 PN 结的形成原理可知，要想让 PN 结导通形成电流，必须消除其空间电荷区的内部电场的阻力。显然，要给它加反方向的更大的电场，即 P 区接外加电源的正极，N 区接负极，就可以抵消其内部自建电场，使载流子可以继续运动，从而形成线性的正向电流。而外加反向电压相当于内建电场的阻力更大，PN 结不能导通，仅有极微弱的反向电流（由少数载流子的漂移运动形成，因少子数量有限，电流饱和）。当反向电压增大至某一数值时，因少子的数量增加、能量增大，其碰撞破坏内部的共价键，使原来被束缚的电子和空穴被释放出来，不断增大电流，最终 PN 结被击穿（变为导体）损坏，反向电流急剧增大。图 1-3-1 是反向饱和电流与正向电压的关系图。

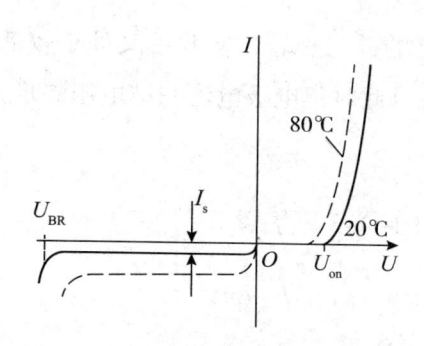

图 1-3-1　反向饱和电流与正向电压的关系图

由半导体物理学知识可知，PN 结的正向电流与电压关系满足

$$I=I_s\left(e^{\frac{qU}{kT}}-1\right) \quad (1\text{-}3\text{-}1)$$

式中，I 为通过 PN 结的正向电流；

I_s 为反向饱和电流；

T 为热力学温度；

q 为电子的电荷量；

U 为 PN 结的正向压降。

由于在常温（如 300 K）时，$kT/e \approx 0.026$ V，而 PN 结的正向压降约为十分之几伏，则 $e^{\frac{qU}{kT}} \gg 1$，式（1-3-1）中括号内的 -1 项完全可以忽略，于是有

$$I=I_s e^{\frac{qU}{kT}} \quad (1\text{-}3\text{-}2)$$

为了准确测定 PN 结的反向饱和电流，消除耗尽层复合电流、表面层电流对实验的影响，采用硅三极管接成共基极电路，此时集电极与基极短接，集电极电流 I_c 仅仅是扩散电流。实验电路原理图如图 1-3-2 所示，复合电流主要出现在基极，测量集电极电流时，将不包括它。

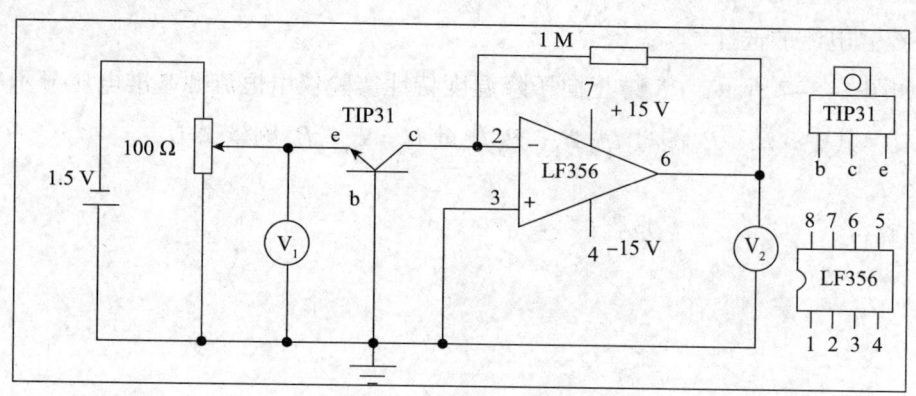

图 1-3-2　实验电路原理图

本实验选取性能良好的硅三极管，实验中又处于较低的正向偏置，表面电流影响也完全可以忽略，所以此时集电极电流与结电压满足式（1-3-2）。即

$$I=I_c \tag{1-3-3}$$

由式（1-3-2）、式（1-3-3）得

$$I_c=I_s\mathrm{e}^{\frac{qU}{kT}} \tag{1-3-4}$$

由图 1-3-2 可知

$$I_c=U_2/R \tag{1-3-5}$$

$$U=U_1 \tag{1-3-6}$$

由式（1-3-4）、式（1-3-5）和式（1-3-6）得

$$\frac{U_2}{R}=I_s\mathrm{e}^{\frac{qU_1}{kT}} \tag{1-3-7}$$

对式（1-3-7）两边取自然对数得

$$\ln U_2=\ln I_s+\ln R+(qU_1/kT) \tag{1-3-8}$$

若测得 U_1、U_2 的值，可以利用最小二乘法处理数据，求得截距，这里 $R=106\ \Omega$，从而求得 PN 结的反向饱和电流 I_s。

（二）PN 结物理特性实验仪

FB302 型 PN 结正向压降温度特性实验仪的面板结构如图 1-3-3 所示。其中，图示数字各自表示如下：1→加热指示，2→ΔU、U_F、I_F 的显示，3→温度的显示，4→温度校正，5→加热电源输出端，6→测试信号输入端，7→U_T 输出端，8→ΔU 输出端，9→ΔU、U_F、I_F 的选择开关，10→I_F 的调节，11→ΔU 的调节，12→控温电流的选择。

如图 1-3-4 所示，PN 结正向压降温度特性实验仪由恒流源基准电压显示等部分组成。其中，P_1、P_2 测量 I_F；P_1、P_3 测量 U_F；P_1、P_4 测量 ΔU。

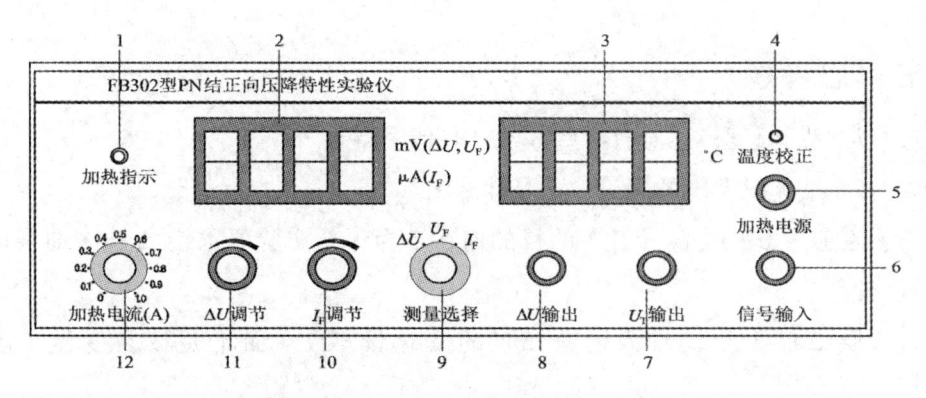

图 1-3-3 FB302 型 PN 结正向压降温度特性实验仪面板示意图

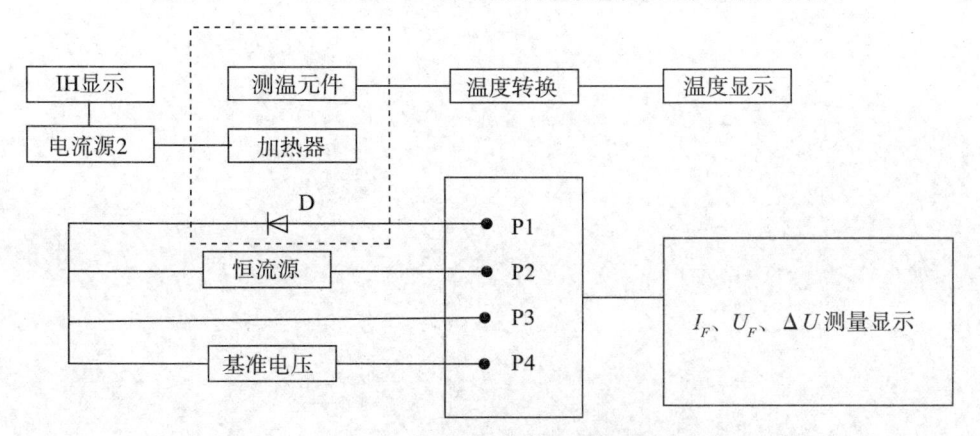

图 1-3-4 PN 结正向压降温度特性测试仪工作原理框图

四、实验步骤

（1）连接电路。

（2）设定温度，记录温度，测量对应温度下三极管发射极与基极之间的电压 U_1 和对应电压 U_2。U_1 的值从 0.300 V 至 0.450 V 每隔 0.010 V 测一次数据，测 10～15 个数据。

（3）查出对应 U_2 的 $\ln U_2$ 值，这样就得到了 U_1、对应温度下的 $\ln U_2$ 值。利用最小二乘法处理数据，求得截距 $a=\ln I_s+\ln R$，从而求得对应温度下 PN 结的反向饱和电流 I_s。

（4）多次改变温度，测量不同温度下的反向饱和电流 I_s。

（5）总结反向饱和电流与温度之间的关系。

五、思考题

（1）常用的温度传感器有哪些？各自有什么特点？

（2）PN结测量温度的理论依据是什么？

（3）测 $U_F(0)$ 或 $U_F(T_R)$ 的目的何在？为什么实验要求绘 $\Delta U\text{-}T$ 曲线而不是 $U_F\text{-}T$ 曲线？

（4）绘 $\Delta U\text{-}T$ 曲线时为何按 ΔU 的变化读取 T，而不是按自变量 T 读取 ΔU？

实验四　太阳能电池的伏安特性测试（2）

硅太阳能电池的基本特性有太阳能电池的极性、性能参数和伏安特性。伏安特性曲线既能反映电池的基本性能参数，还能体现太阳能电池的光电转换效率、稳定性和寿命等。掌握采用稳态模拟太阳光源的太阳能电池的伏安特性测试方法，有助于太阳能电池的性能研究。

一、实验目的

（1）了解硅太阳能电池的伏安特性曲线；无光照时，测量太阳能电池的伏安特性。

（2）掌握硅太阳能电池的伏安特性测试、性能分析方法。

二、实验仪器

太阳能电池伏安特性测试系统（SAN-EI XES-40S2-CE 型），标准晶体硅太阳能电池。

三、实验原理

（一）太阳能电池的工作原理

光伏效应示意图如图 1-4-1 所示，太阳光照在半导体 PN 结上，形成新的电子-空穴对。在势垒电场的作用下，空穴由 N 区流向 P 区，电子由 P 区流向 N 区，接通电路后形成电流。

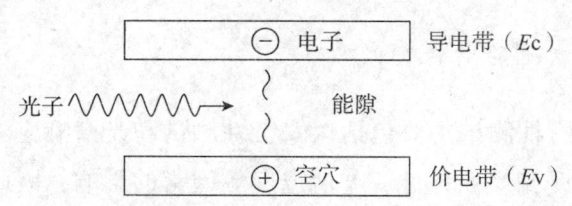

图 1-4-1　光伏效应示意图

在没有光照时，可将太阳能电池视为二极管，其正向偏压 U 与通过的电流 I 的关系为

$$I = I_0 \left(e^{\frac{qU}{nkT}} - 1 \right) \quad \text{（可令} \beta = \frac{q}{nkT} \text{）} \tag{1-4-1}$$

式中，I_0 为二极管的反向饱和电流；

　　　n 为理想二极管参数，理论值为 1；

　　　k 为玻尔兹曼常量；

　　　q 为电子的电荷量；

　　　T 为热力学温度。

（二）太阳能电池的基本特性

太阳能电池有极性、性能参数和伏安特性三个基本特性。

1. 太阳能电池的极性

硅太阳能电池一般制成 P⁺/N 型结构或 N⁺/P 型结构，P⁺ 和 N⁺ 表示太阳能电池正面光照层半导体材料的导电类型；N 和 P 表示太阳能电池背面衬底半导体材料的导电类型。太阳能电池的电性能与制造电池所用半导体材料的特性有关。

2. 太阳能电池的性能参数

太阳能电池的性能参数由开路电压、短路电流、最大输出功率、填充因子、转换效率等组成。这些参数是衡量太阳能电池性能好坏的标志。

3. 太阳能电池的伏安特性

PN 结太阳能电池包含形成于表面的浅 PN 结、条状及指状的正面欧姆接触、涵盖整个背部表面的背面欧姆接触以及一层在正面的抗反射层。当电池暴露于太阳光谱时，能量小于禁带宽度 E_g 的光子对电池输出并无贡献；能量大于禁带宽度 E_g 的光子才会对电池输出贡献能量 E_g，小于 E_g 的能量则会以热的形式消耗掉。因此，在太阳能电池的设计和制造过程中，必须考虑这部分热量对电池稳定性、寿命等的影响。

（三）太阳能电池的特性测试

太阳能电池的特性测试主要包括伏安特性测试和光谱响应测试两部分。由于太阳能电池的特性受到光照条件、电池温度等因素的影响，因此在进行太阳能电池的特性测试时，必须采用标准测试条件。国际上通用的地面太阳能电池标准测试条件如下：

（1）光谱分布：AM1.5；

（2）辐照度：1 000 W/m²；

（3）温度：25 ℃。

（四）太阳能电池伏安特性测试系统（SAN-EI XES-40S2-CE 型）介绍

（1）SAN-EI XES-40S2-CE 型测试系统图如图 1-4-2 所示，它由光源、电表和测试部分组成。

图 1-4-2 SAN-EI XES-40S2-CE 型测试系统图

该测试系统主要性能指标及参数如下：

光谱范围：300～1 700 nm；

扫描间隔：大于或等于 1 nm 的整数（可调）；

扫描方式：自动；

主光源：150 W 氙灯；

偏置光源：250 W 钨灯；

测量模式：交流模式测试；

直流模式自动快门：两路，控制一路偏置光和一路主光照射；

采集方式：交流模式为 SR830 数字锁相放大器，直流模式为 Keithley 2000 数字万用表；

性能指标：短路电流密度重复性小于 1%。

（2）系统测试工作原理。系统测试工作原理如图 1-4-3 所示，氙灯光源提供模拟单色光，通过斩波器调节入射光功率；数字万用表、锁相放大器分别测试直流和交流电压、电流；测量数值通过计算机直接模拟输出伏安特性曲线，便于太阳能电池特性分析。

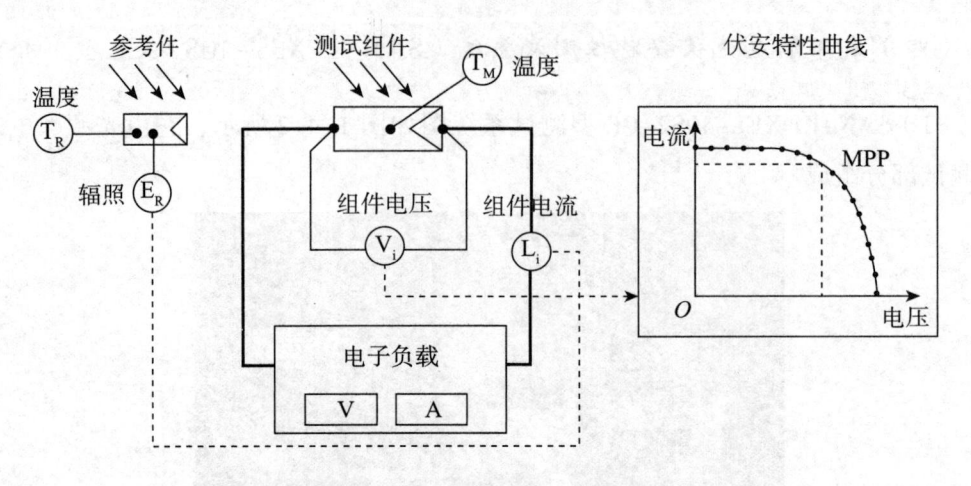

图 1-4-3　系统测试工作原理图

四、系统测试操作流程

1. 系统开启

（1）开启斩波器电源开关；

（2）将氙灯光源的电流调至最小后，开启电源开关；

（3）将偏置光源钨灯光源的电流调至最小后，开启电源开关；

（4）开启电子定时器开关；

（5）开启单色仪开关；

（6）开启 Keithley 2000 数字万用表开关（直流测试时）；

（7）开启信号控制器电源开关；

（8）开启锁相放大器开关（交流测试时）；

（9）开启计算机开关，待光谱仪自检完成后，运行软件，按软件使用说明书要求操作。

2. 系统预热

系统开启后须进行 30 min 左右的预热，方可开始测试。

3. 系统关闭

（1）退出软件，关闭计算机、显示器电源；

（2）将氙灯光源的电流调至最小后，关闭电源开关；

（3）将钨灯光源的电流调至最小后，关闭电源开关；

（4）关闭斩波器开关；

（5）关闭电子定时器开关；

（6）关闭单色仪开关；

（7）关闭 Keithley 2000 数字万用表开关（直流测试时）；

（8）关闭信号控制器电源开关；

（9）关闭锁相放大器开关（交流测试时）；

（10）关闭系统总电源。

五、实验内容及步骤

（1）了解 SAN-EI XES-40S2-CE 型测试系统，学习测试软件安装流程（了解系统测试软件及安装程序）；

（2）以标准晶体硅太阳能电池为样品，按系统测试操作流程测试，对照其伏安特性曲线（图 1-4-4）分析电池特性；

（3）分别测试单晶硅、多晶硅太阳能电池的伏安特性；

（4）通过伏安特性曲线分析单晶硅、多晶硅太阳能电池的特性。

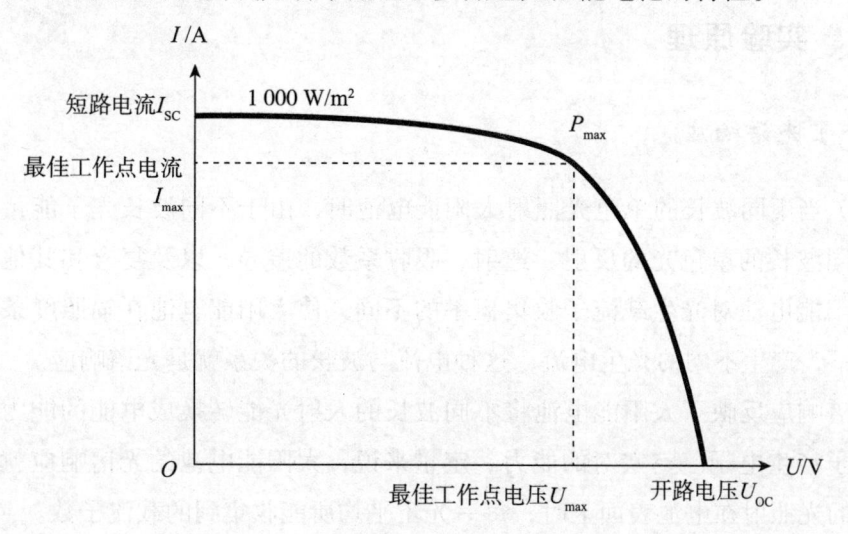

图 1-4-4 标准晶体硅太阳能电池伏安特性曲线

六、思考题

（1）什么是标准太阳能电池？如何进行太阳能电池伏安特性测试系统的定标？

（2）简述短路电流、开路电压、填充因子的含义，如何计算太阳能电池的理论效率值？

（3）如何选择太阳能电池伏安特性测试系统的光源？

实验五　太阳能电池的量子效率测试

光照到太阳能电池表面时，其光电面的表面状态（粗糙面或光滑面）不同，光电子的逸出量也不同，由于反射和其他原因，得到光子能量而逸出的电子一般较少（约有 1%～25%），体现太阳能电池这一性能的物理量有光谱响应和光电转换效率。

一、实验目的

（1）了解太阳能电池的量子效率。
（2）掌握太阳能电池的量子效率的测试及性能评价方法。

二、实验仪器

量子效率测试系统（海瑞克 HIK-IPCE5 型）。

三、实验原理

（一）光谱响应

（1）当不同波长的单色光照射太阳能电池时，由于不同波长光子能量的不同和对不同波长的单色光的反射、透射、吸收系数的差异，以及复合和其他因素等造成太阳能电池对光生载流子收集概率的不同，使太阳能电池在辐照度条件相同的情况下，产生不同的光生电流，这种电流与波长的关系就是光谱响应。

光谱响应反映了太阳能电池将不同波长的入射光能转换成电能的能力，或者说是光子产生电子-空穴对的能力。定量来说，太阳能电池的光谱响应就是当某一波长的光照射在电池表面上时，每一光子平均所能收集到的载流子数。

太阳能电池的光谱响应分为绝对光谱响应和相对光谱响应。各种波长的单位辐射光能或对应的光子入射到太阳能电池上，将产生不同的短路电流，按波长的分布求得其对应的短路电流变化称为太阳能电池的绝对光谱响应。其意义为单位辐照下的短路电流密度。如果每一波长以等量的辐射光能或光子数入射到太阳能电池上，所产生的短路电流与其中最大短路电流比较，按波长的分布求得其比值变化，这就是该太阳能电池的相对光谱响应。无论是绝对光谱响应还是相对光谱响应，光谱响应曲线的峰值越高、越平坦，对应电池的短路电流密度越大，效率也越高。

（2）光谱响应特性及其测量。由于光的颜色（波长）不同，转变为电的比例也不同，这种特性称为光谱响应特性。光谱响应特性的测量是用一定强度的单色光照射太阳能电池，测量此时电池的短路电流，然后依次改变单色光的波长，再重复测量以得到在各个波长下的短路电流。

在实际测量过程中，通常测量太阳能电池的相对光谱响应。将以不同波长的单色光照射到太阳能电池上产生的短路电流与光谱范围内最大的短路电流比较，即将各波长的短路电流以最大短路电流为基准进行归一化，按波长的分布得到的比值变化曲线即为该太阳能电池的相对光谱响应曲线。

（3）光谱响应特性与太阳能电池的应用。各种波长的单位辐射光能或相应的光子入射到太阳能电池表面，由于受不同太阳能电池工艺的影响，太阳能电池的内部参数会发生变化，所以不同的太阳能电池将产生不同的短路电流，将不同波段的短路电流与光谱辐照度相比，即单位辐照度所产生的短路电流按波长分布的曲线，就是该太阳能电池的绝对光谱响应曲线。从太阳能电池的应用角度来说，太阳能电池的光谱响应特性与光源的辐射光谱特性相匹配是非常重要的，这样可以更充分地利用光能和提高太阳能电池的光电转换效率。

（二）量子效率（QE）

（1）量子效率（quantum efficiency, QE），又叫光谱响应，广义来说，就是太阳能电池的光电特性在不同波长光照条件下的数值，所谓光电特性包括光生电流、光导等。量子效率和光电转化效率是指太阳能电池产生的电子-空穴对数目与入射到太阳能电池表面的光子数目之比。通常，人们所说的太阳能电池量子效率都是指外量子效率EQE，也就是说太阳能电池表面的光子反射损失是不被考虑的。

量子效率（QE），有时也叫光电转换效率，分外量子效率（EQE）和内量子效率（IQE）。外量子效率是太阳能电池的电荷载流子数目与外部入射到太阳能电池表面的一定能量的光子数目之比。内量子效率是太阳能电池的电荷载流子数目与外部入射到太阳能电池表面的没有被太阳能电池反射回去的，没有透射过太阳能电池的，一定能量的光子数目之比。

通常，内量子效率大于外量子效率，内量子效率低则表明太阳能电池的活性层对光子的利用率低，外量子效率低也表明太阳能电池的活性层对光子的利用率低，但也可能表明光的反射、透射比较多。

要想测试太阳能电池的内量子效率，首先得测试太阳能电池的外量子效率，其次测试太阳能电池的透射和反射，最后综合这些测试数据，得出内量子效率。

（2）量子效率的测试。太阳能电池的 IPCE 通过用波长可调的单色光照射太阳能电池，同时测量太阳能电池在不同波长的单色光照射下产生的短路电流，从而得到太阳能电池的 IPCE。

通常太阳能电池的 IPCE 的测试需要有宽带光源、单色仪、信号放大模块、光强校准装置、数据采集处理模块等硬件条件。

实际测量时，根据获得单色光子方法的不同，IPCE 的测量方法可以分为直流法和交流法。

在直流法中，将白光通过单色器，得到单色光，将其照射到电池上，然后记录其光电流。在直流法中，测得的光电流比全谱光照下的光电流低 2～3 个数量级。这种方法只适用于光电流随光强线性增加的情况，如染料敏化太阳能电池。

在交流法中，以白光照射电池，以机械斩波的方式得到单色光。光电流测试时，需要使用锁相放大器对不同波长下的光电流进行测试。交流法以白光为光源直接照射电池，这非常接近电池的实际工作条件。

（3）测试结果分析。太阳能电池的量子效率测试图如图 1-5-1 所示，它是入射到电池表面的光被反射或折射后的光强与入射光波长的变化关系，它反映了入射光在电池表面的反射、吸收的光谱区域以及响应的光谱范围。

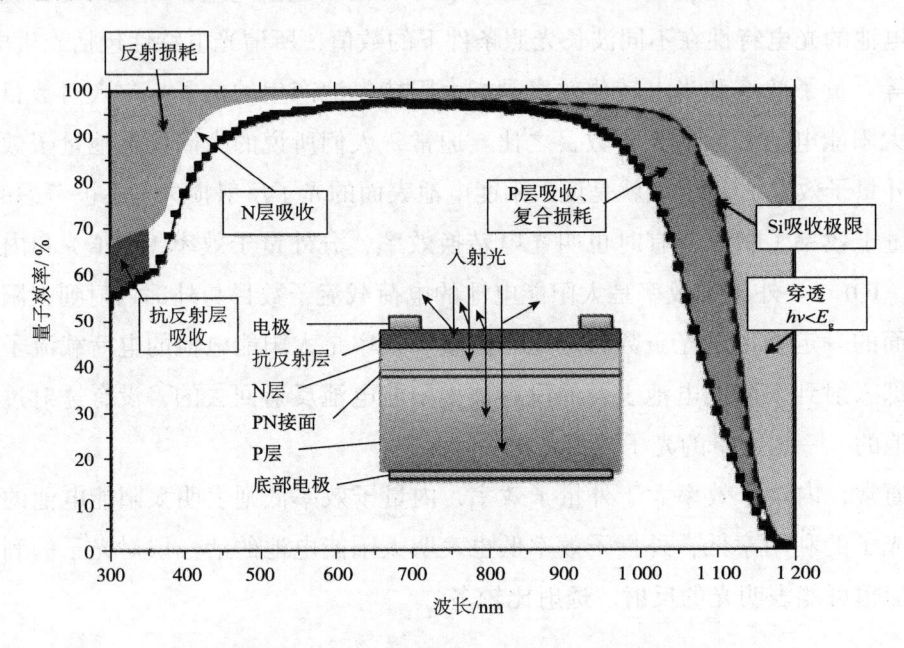

图 1-5-1 太阳能电池的量子效率测试图

（三）量子效率测试系统

量子效率测试系统示意图如图 1-5-2 所示，量子效率测试系统由主机部分（光源）和控制部分组成。

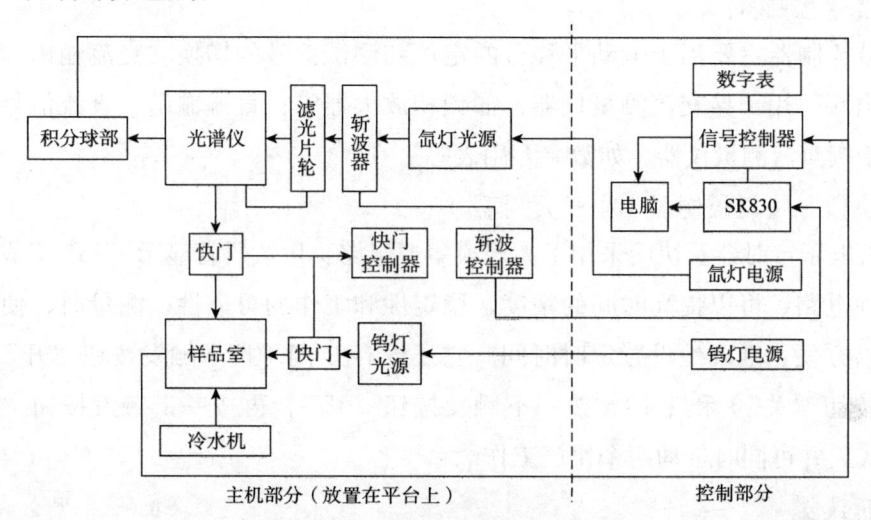

图 1-5-2 量子效率测试系统示意图

1. 主光源

用氙灯模拟太阳光，其连续光谱范围宽，可覆盖紫外、可见和近红外光谱，色温接近太阳光。

2. 滤光片

滤光片是用来选取所需辐射波段的光学器件。通常，多极光谱的衍射现象，是具有公倍数波长的光谱同时从单色仪的狭缝里出来，引起单色光的纯度下降的现象。例如，当单色仪处在 600 nm 时，600 nm 的 1 级光谱、300 nm 的 2 级光谱和 200 nm 的 3 级光谱都会从狭缝里出来，而此时只有 600 nm 的 1 级光谱才是我们需要的。为了去除 2 级、3 级乃至多级光谱，通常采用长波通滤光片来滤掉短波长的辐射。

3. 三光栅扫描单色仪

该系统采用单色仪，可有效消除杂散光，使单色光的单色性更好。单色仪采用非对称式水平光路，通过改变出射光轴的离轴角度来达到消除慧差的目的，使谱线更加对称、波形更加完美，同时也有利于提高分辨率。仪器光路还充分消除了二次色散，降低了杂散光，以避免在短波处混有长波辐射。

4. 冷却水循环机

冷却水循环机通过压缩机进行制冷，再与水进行热交换，使水的温度降低，通过循环泵送出。它具备恒温、冷却、循环三种功能。

5. 信号控制器

信号控制器主要用于电动平移台的定位和测试信号的切换。交流输出：交流信号输出端，用于接交流测量仪器，如锁相放大器等；直流输出：直流信号输出端，用于接直流测量仪器，如数字万用表等。

6. 快门与快门控制器（电子定时器）

精密电子定时器及快门采用了大规模集成电路，用数码管显示，555集成电路作为时钟电路，可以提高时间的精度、稳定性和工作的可靠性。测量时，使用拨码盘可以方便、准确地设置定时时间。它还设有B门（按下触发按钮"开"，松开触发按钮"关"）和T门（按一下触发按钮"开"，再按一下触发按钮"关"）工作方式，并可同时带动两个快门工作。

7. 斩波器

斩波器把连续光源发出的光调制成具有一定频率的光信号，便于光电转换后进行选频放大（相关检测）。斩波器除了对被测光进行调制外，同时输出与调制频率同步的参考信号，提供给锁相放大器进行检测。

四、实验内容及步骤

（1）熟悉量子效率测试系统及其使用（对照海瑞克HIK-IPCE5使用说明书、操作流程），海瑞克HIK-IPCE5型量子效率测试系统实物图如图1-5-3所示。

图1-5-3 海瑞克HIK-IPCE5型量子效率测试系统实物图

试运行前的准备和检查。运行前请检查：所有连线是否连接正确；所有连线连接头是否紧固连接；系统接地是否良好。

（2）太阳能电池量子效率测试系统操作步骤。

①开机。

a. 开启斩波器电源开关；

b. 将氙灯光源的电流调至最小后，开启电源开关；

c. 将偏置光源钨灯光源的电流调至最小后，开启电源开关；

d. 开启电子定时器开关；

e. 开启单色仪开关；

f. 开启 Keithley 2000 数字万用表开关（直流测试时）；

g. 开启信号控制器电源开关；

h. 开启锁相放大器开关（交流测试时）；

i. 开启计算机开关，待光谱仪自检完成后，运行软件，按软件使用说明书要求操作。

②测试。系统开启后须进行 30 min 左右的预热，方可开始测试，测试过程中参数设置、数据保存、导出等，按仪器使用说明书操作。

③关机（注意：按顺序关闭系统中各设备）。

a. 退出软件，关闭计算机、显示器电源；

b. 将氙灯光源的电流调至最小后，关闭电源开关；

c. 将钨灯光源的电流调至最小后，关闭电源开关；

d. 关闭斩波器开关；

e. 关闭电子定时器开关；

f. 关闭单色仪开关；

g. 关闭 Keithley 2000 数字万用表开关（直流测试时）；

h. 关闭信号控制器电源开关；

i. 关闭锁相放大器开关（交流测试时）；

j. 关闭系统总电源。

④数据分析。图 1-5-4（测试资料参考图）是不同电池的光谱响应数据归一化图。

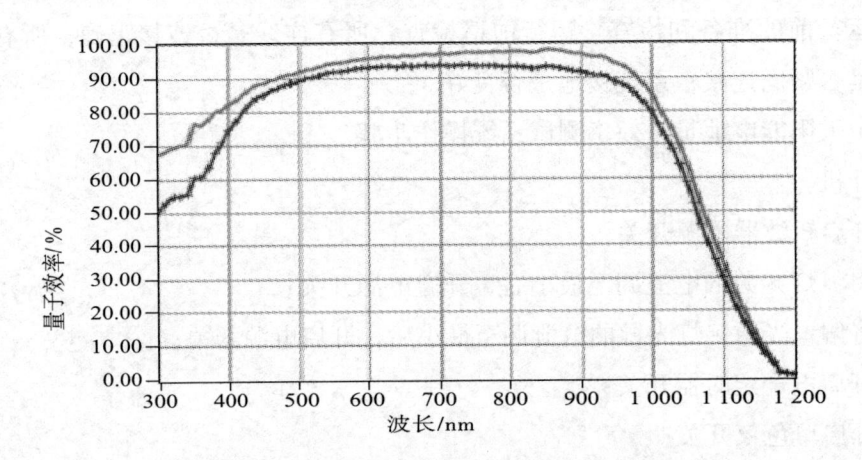

图 1-5-4　不同电池光谱响应数据归一化图

a. 分析电池对入射光的反射、折射特性；

b. 分析电池对入射光响应的波长范围；

c. 记录被测试电池的短路电流；

d. 比较不同电池的量子效率。

五、思考题

（1）简述晶体硅太阳能电池的光谱响应特性。

（2）简述绝对光谱响应与相对光谱响应的关系。

（3）简述斩波器的工作原理。

（4）如何理解太阳能电池量子效率与光电转换效率？

第二章 晶体硅太阳能电池

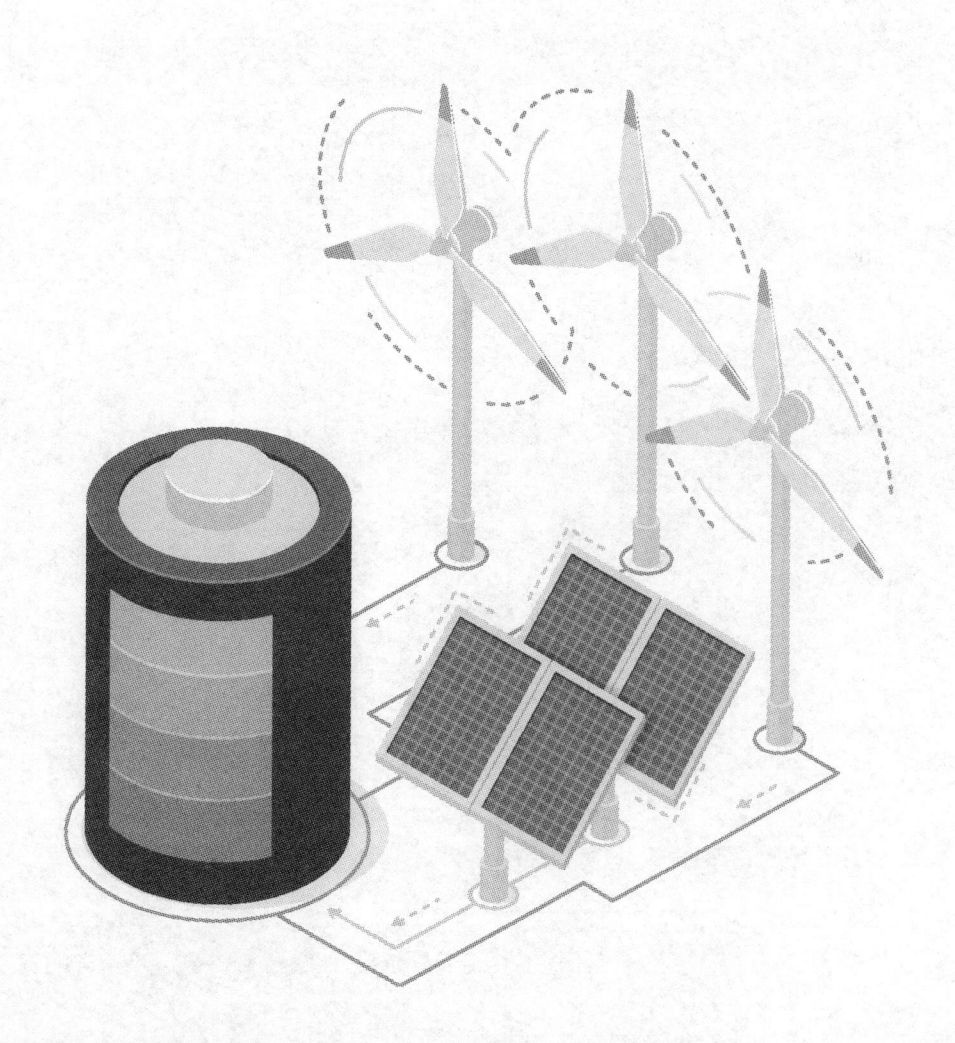

实验一 硅材料电学性能的测试

半导体材料的电学性能介于导体和绝缘体之间，纯净的半导体掺入微量杂质后，电阻率变化很大，四探针法是实验室常用的测试方法。

一、实验目的

（1）掌握四探针测试电阻率的原理和方法。
（2）学会如何对特殊尺寸样品的电阻率测试结果进行修正。
（3）了解影响电阻率测试结果的因素。

二、实验仪器

四探针测试仪、电位差计数字、电压表。

三、实验原理

在半导体器件的研制和生产过程中常常要对半导体单晶材料的原始电阻率和经过扩散、外延等工艺处理后的薄层电阻进行测量。测量电阻率的方法很多，有两探针法、四探针法、单探针扩展电阻法等，其中，四探针法简便可行，适于批量生产，得到了广泛应用。

所谓四探针法，就是用针间距约 1 mm 的四根金属探针同时压在被测样品的平整表面上。

首先，利用恒流源给 1、2 两根探针通以小电流；其次，在 2、3 两根探针上用高输入阻抗的静电计、电位差计、电子毫伏计或数字电压表测量电压；最后，根据理论公式计算出样品的电阻率。

$$\rho = C\frac{U_{23}}{I} \tag{2-1-1}$$

式中，C 为四探针的修正系数，单位为 cm，C 的大小取决于四探针的排列方法和针距，探针的位置和间距确定以后，探针系数 C 就是一个常数；

U_{23} 为 2、3 两根探针之间的电压，单位为 V；

I 为通过样品的电流，单位为 A。

半导体材料的体电阻率和薄层电阻率的测量结果往往与样品形状和尺寸密切相关，下面我们分两种情况来进行讨论。

（一）无限大样品情形

图 2-1-1 给出了四探针法测量半无穷大样品电阻率的原理示意图。

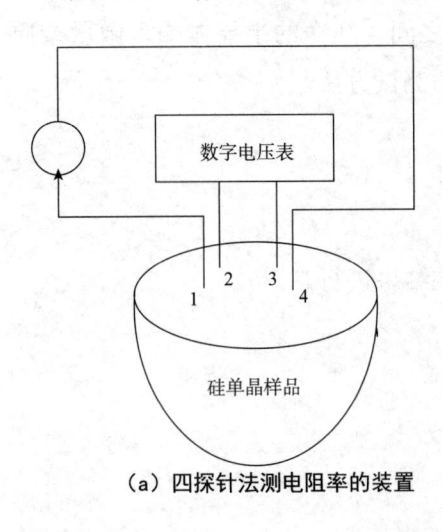

（a）四探针法测电阻率的装置

（b）半无穷大样品上探针电流的分布及半球等势面

（c）正方形排列的四探针图形

（d）直线形排列的四探针图形

图 2-1-1　四探针法测量半无穷大样品电阻率的原理示意图

在图 2-1-1 中，（a）为四探针法测量电阻率的装置；（b）为半无穷大样品上探针电流的分布及等势面；（c）和（d）分别为正方形排列及直线形排列的四探针图形。因为四探针对半导体表面的接触均为点接触，所以对于如图 2-1-1（b）所示的半无穷大样品，电流 I 是以探针尖为圆心呈径向放射状流入体内的。因而电流在体内所形成的等势面为图中虚线所示的半球面。于是，样品电阻率为 ρ，半径为 r，间距为 dr 的两个半球等势面间的电阻为

$$dR = \frac{\rho}{2\pi r^2} dr \qquad (2\text{-}1\text{-}2)$$

它们之间的电位差为

$$dU = IdR = \frac{\rho I}{2\pi r^2} dr \qquad (2\text{-}1\text{-}3)$$

考虑样品为半无穷大，在 $r \to +\infty$ 处的电位为 0，所以图 2-1-1（a）中流经探针 1 的电流 I 在 r 处形成的电位为

$$(U_r)_1 = \int_r^{+\infty} \frac{\rho I}{2\pi r^2} dr = \frac{\rho I}{2\pi r} \qquad (2\text{-}1\text{-}4)$$

流经探针 1 的电流 I 在 2、3 两探针之间形成的电位差为

$$(U_{23})_1 = \frac{\rho I}{2\pi} \left(\frac{1}{r_{12}} - \frac{1}{r_{13}} \right) \qquad (2\text{-}1\text{-}5)$$

因流经探针 4 的电流与流经探针 1 的电流方向相反，所以流经探针 4 的电流 I 在探针 2、3 之间形成的电位差为

$$(U_{23})_4 = -\frac{\rho I}{2\pi}\left(\frac{1}{r_{42}} - \frac{1}{r_{43}}\right) \tag{2-1-6}$$

于是流经探针 1、4 之间的电流 I 在探针 2、3 之间形成的电位差为

$$U_{23} = \frac{\rho I}{2\pi}\left(\frac{1}{r_{12}} - \frac{1}{r_{13}} - \frac{1}{r_{42}} + \frac{1}{r_{43}}\right) \tag{2-1-7}$$

由此可得样品的电阻率为

$$\rho = \frac{2\pi U_{23}}{I}\left(\frac{1}{r_{12}} - \frac{1}{r_{13}} - \frac{1}{r_{42}} + \frac{1}{r_{43}}\right)^{-1} \tag{2-1-8}$$

上式就是四探针法测量半无穷大样品电阻率的普遍公式。

在采用四探针法测量电阻率时通常使用图 2-1-1（c）中的正方形结构（简称方形结构）和图 2-1-1（d）中的等间距直线形结构，假设方形四探针和直线形四探针的探针间距均为 S，则对于直线形四探针有

$$r_{12} = r_{43} = S, \ r_{13} = r_{42} = 2S \tag{2-1-9}$$

所以

$$\rho = 2\pi S \times \frac{U_{23}}{I} \tag{2-1-10}$$

对于方形四探针有

$$r_{12} = r_{43} = S \tag{2-1-11}$$

$$r_{13} = r_{42} = \sqrt{2}S \tag{2-1-12}$$

所以

$$\rho = \frac{2\pi S}{2 - \sqrt{2}} \times \frac{U_{23}}{I} \tag{2-1-13}$$

（二）无限薄层样品情形

当样品的横向尺寸无限大，而其厚度 t 又比探针间距 S 小得多时，这种样品称为无限薄层样品。图 2-1-2 给出了四探针法测量无限薄层样品电阻率的原理示意图。图中被测样品为在 P 型半导体衬底上有 N 型扩散薄层的无限大硅单晶薄片，1、

2、3、4 为四根探针在硅片表面的接触点，探针间距为 S、N 型扩散薄层的厚度为 t，并且 $t \ll S$，I_+ 表示电流从探针 1 流入硅片，I_- 表示电流从探针 4 流出硅片。与半无穷大样品不同的是，这里探针电流在 N 型薄层内近似为平面放射状，其等势面可近似为圆柱面。

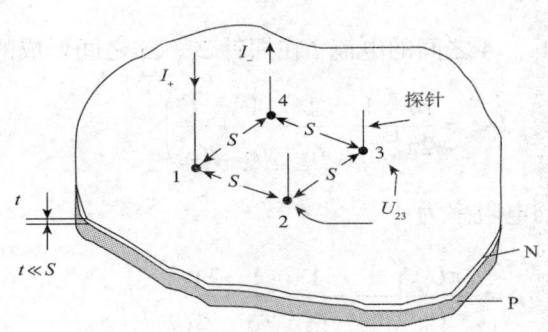

图 2-1-2　四探针法测量无限薄层样品电阻率的原理示意图

类似前面的分析，对于任意排列的四探针，探针 1 的电流 I 在样品中 r 处形成的电位为

$$(U_r)_1 = \int_r^{+\infty} \frac{\rho I}{2\pi r t} \mathrm{d}r = -\frac{\rho I}{2\pi t} \ln r \quad (2\text{-}1\text{-}14)$$

式中，ρ 为 N 型薄层样品的平均电阻率。于是探针 1 的电流 I 在 2、3 探针之间形成的电位差为

$$(U_{23})_1 = -\frac{\rho I}{2\pi t} \ln \frac{r_{12}}{r_{13}} = \frac{\rho I}{2\pi t} \ln \frac{r_{13}}{r_{12}} \quad (2\text{-}1\text{-}15)$$

同理，流经探针 4 的电流 I 在 2、3 探针之间形成的电位差为

$$(U_{23})_4 = \frac{\rho I}{2\pi t} \ln \frac{r_{42}}{r_{43}} \quad (2\text{-}1\text{-}16)$$

所以流经探针 1 和探针 4 之间的电流 I 在 2、3 探针之间形成的电位差为

$$U_{23} = \frac{\rho I}{2\pi t} \ln \frac{r_{42} r_{13}}{r_{43} r_{12}} \quad (2\text{-}1\text{-}17)$$

于是得到四探针法测量无限薄层样品电阻率的普遍公式为

$$\rho = \frac{2\pi t U_{23}}{I \ln \frac{r_{42} r_{13}}{r_{43} r_{12}}} \quad (2\text{-}1\text{-}18)$$

对于直线形四探针，利用 $r_{12} = r_{43} = S$，$r_{13} = r_{42} = 2S$ 可得

$$\rho = \frac{\frac{2\pi t U_{23}}{I}}{2\ln 2} = \frac{\pi t}{\ln 2} \times \frac{U_{23}}{I} \tag{2-1-19}$$

对于方形四探针，利用 $r_{12} = r_{43} = S$，$r_{13} = r_{42} = \sqrt{2}S$ 可得

$$\rho = \frac{2\pi t}{\ln 2} \times \frac{U_{23}}{I} \tag{2-1-20}$$

在对半导体扩散薄层电阻率的实际测量中常常采用与扩散层杂质总量有关的方块电阻 R_s，它与扩散薄层电阻率有如下关系：

$$R_s = \frac{\rho}{X_j} = \frac{1}{q\mu \int_0^{X_j} N \mathrm{d}X} = \frac{1}{q\mu N X_j} \tag{2-1-21}$$

这里 X_j 为扩散所形成的 PN 结的结深。这样对于无限薄层样品，方块电阻的式子如下所示。

对于直线形四探针：

$$R_s = \frac{\rho}{X_j} = \frac{\pi}{\ln 2} \times \frac{U_{23}}{I} \tag{2-1-22}$$

对于方形四探针：

$$R_s = \frac{\rho}{X_j} = \frac{2\pi}{\ln 2} \times \frac{U_{23}}{I} \tag{2-1-23}$$

在实际测量中，被测试的样品往往不满足上述无限大的条件，样品的形状也不一定相同，因此常常要引入不同的修正系数。

实际测量中扩散的薄层可能有两种情况：单面扩散的薄层和双面扩散的薄层如图 2-1-3 所示。

（a）单面扩散的薄层　　　　　　（b）双面扩散的薄层

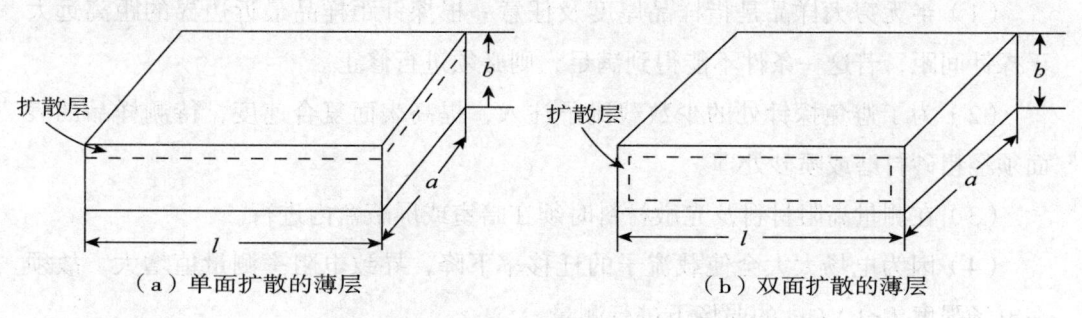

图 2-1-3　单面扩散和双面扩散的薄层

四、实验装置及注意事项

（一）实验装置

四探针测试仪实物图如图 2-1-4 所示。电路中的恒流源所提供的电流是连续可调的，电压表采用电位差计或数字电压表。实验所用的探针通常采用耐磨的导电硬质合金材料，如钨、碳化钨等。探针要求等间距配置，并使其具有很小的游移误差。在探针上须加上适当的压力，以减小探针与半导体材料之间的接触电阻。

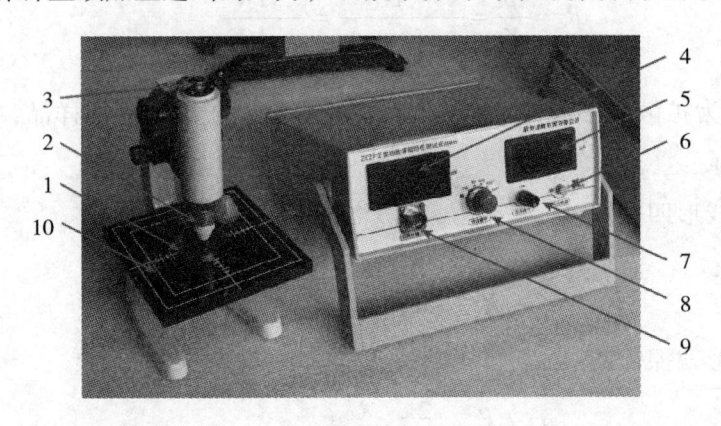

1—被测样样品；2—四探针测试头；3—探针输出；4—数字电压表；5—数字电流表；
6—电流换向开关；7—电流调节旋钮；8—电流量程；9—测试输入；10—测试台面。

图 2-1-4　四探针测试仪实物图

（二）注意事项

（1）半无穷大样品是指样品厚度及任意一根探针距样品最近边界的距离远大于探针间距，若这一条件不能得到满足，则必须进行修正。

（2）为了避免探针处的少数载流子注入，提高表面复合速度，待测样品的表面须经粗砂打磨或喷砂处理。

（3）在测量高阻材料及光敏材料时须在暗室或屏蔽盒内进行。

（4）因为电场太大会使载流子的迁移率下降，导致电阻率测量值增大，故须在电场强度 $E<1$ V/cm 的弱场下进行测量。

（5）为了避免大电流下的热效应，测试电流应尽可能低，但须保证电压的测试精度。不同电阻率样品的电流选择见表 2-1-1 所列。

表2-1-1 不同电阻率样品的电流选择

电阻率范围/（Ω·cm）	测量电流/mA
<0.012	100
0.08～0.6	10
0.4～60	1
40～1 200	0.1
>800	0.01

（6）为了使探针与半导体的接触为欧姆接触，探针上须加上一定的压力。对于体材料，质量一般取1～2 kg；对于薄层材料或外延材料，质量一般取200 g。

（7）当室温有较大波动时，最好将电阻率折算到23 ℃时的电阻率，因为半导体的电阻率对温度很敏感。如果需要考虑温度对电阻率的影响，可用下面的公式进行计算：

$$\rho_{参考} = \rho_{平均}\left[1 - C_T\left(T - T_{参考}\right)\right] \quad (2\text{-}1\text{-}24)$$

式中，$\rho_{参考}$为修正到某参考温度（如23 ℃）下的样品电阻率；

$\rho_{平均}$为测试温度下样品的平均电阻率；

C_T为温度系数，它随电阻率变化的曲线如图2-1-5所示；

T为测试温度；

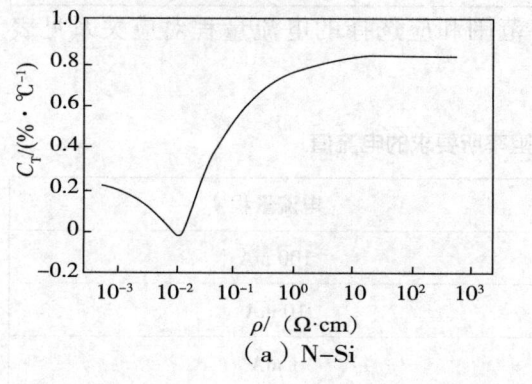

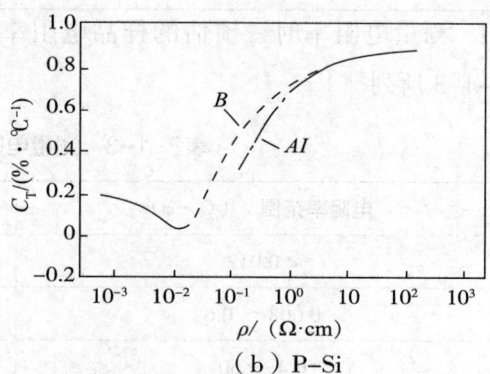

$T_{参考}$为某参考温度。

图2-1-5 温度系数随电阻率变化的曲线

五、实验内容

（1）硅单晶片电阻率的测量：选不同电阻率及不同厚度的大单晶圆片，改变条件（光照与否），对测量结果进行比较。

（2）薄层电阻率的测量：对不同尺寸的单面扩散的薄层和双面扩散的薄层电阻率进行测量。改变条件进行测量（与1相同），对结果进行比较。

（3）测量。

①将电源开关置于开启位置，数字显示亮，仪器通电预热 10 min。

②将电流极性开关置于正向，转动电流量程开关，置于样品测量所适合的电流量程范围，电流调节电位器调到 0，检查数字电压表是否显示 0。调节电流调节开关输出恒定电流，即可由数字电流表直接读出电流值，再通过电压表读出测量值。若数字闪烁，则表示测量值超过此电压量程，应将电流量程开关拨到更低档；同时调节合适的电流。

③将极性开关置于负向，电压表可以读出负极性的测量值；将两次测量获得的电阻率值取平均，即为样品在该处的电阻率值。

测量电阻、薄层电阻时，可以选择的电压、电流量程见表 2-1-2 所列。

表2-1-2　电阻及薄层电阻测量时电压、电流量程选择

电压量程 /mV	电流量程	电阻 /Ω
200	100 mA	2
	10 mA	20
	1 mA	200
	100 μA	2 000

测量电阻率时，预估的样品电阻率范围和应选择的电流量程对应关系见表 2-1-3 所列。

表2-1-3　测量电阻率所要求的电流值

电阻率范围 /(Ω·m)	电流量程
<0.012	100 mA
0.008～0.6	10 mA
0.4～60	1 mA
40～1 200	100 μA

六、注意事项

（1）为增加表面复合，减少少子寿命及避免少子注入，被测表面须进行粗磨或喷砂处理，当然，也可以进行光滑面和磨砂面的比较测量。

（2）对高阻及光敏材料，由于光电导及光压效应会影响测量，应在暗室进行。

（3）电流选择要适当，电流太小影响电压检测精度，电流太大会引起发热或非平衡载流子注入。

七、思考题

（1）四探针法和伏安法测定电阻率有何不同？

（2）光照对电阻率测量有何影响？

（3）通过实验现象和结果分析，你能得出什么结论？

实验二　丝网印刷法制备太阳能电池正面电极

采用丝网印刷技术制备太阳能电池正面电极，可提高栅线制备效率和质量，控制栅线所占的总面积、减少遮光效果，提高电池的光电转换效率。该技术在工业生产中得到了广泛的应用。

一、实验目的

（1）了解制备电极的方法。
（2）掌握丝网印刷的工艺流程。
（3）了解烧结的作用。

二、实验仪器

丝网印刷机、红外烘干炉、红外快速烧结炉、硅片、浆料。

三、实验原理

（一）太阳能电池栅线

太阳能电池正面电极（栅线），收集光电子并传输电流，如图 2-2-1 所示，其中，1 为副删（较细），2 为主栅（较宽），由电阻率较小的银、铝或它们的合金制成。

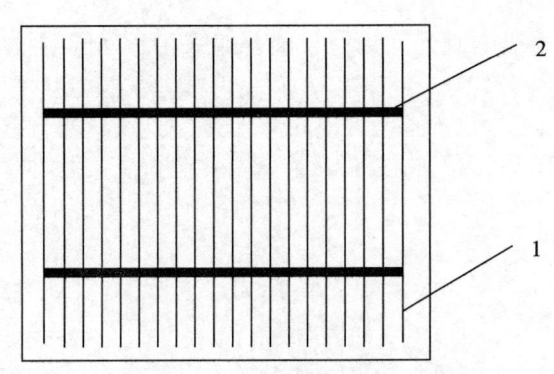

图 2-2-1　太阳能电池片示意图

作为电极材料，应该具有小的厚膜导体电阻以及金属－半导体接触电阻。表征金属－半导体欧姆接触特性时，使用此接触电阻 R_c 来描述：

$$R_C = \left[\frac{\partial J}{\partial V}\right]_{V=0}^{-1} \quad (2-2-1)$$

对于低掺杂半导体，此接触电阻为

$$R_C = \frac{k}{qA^*T} e^{\frac{q\varphi_B}{kT}} \quad (2-2-2)$$

$$A^* = 4\pi q m^* k^2 / h^2 \quad (2-2-3)$$

式中，A^* 为理查逊常数；

q 为电子的电荷量；

m^* 为电荷载流子的有效质量；

k 为波耳兹曼常量；

h 是普朗克常量；

φ_B 是势垒高度，由于越过势垒的热离子发射支配着电荷传输，较低的势垒高度将获得较低的接触电阻。

在高掺杂浓度下，势垒高度变小，隧道效应变为主要的导电机制，此接触电阻为

$$R_C \approx e^{\frac{4\pi\sqrt{\varepsilon_s m^*}}{h}\left(\frac{\varphi_B}{\sqrt{ND}}\right)} \quad (2-2-4)$$

式中，ε_s 为硅的介电常数；

ND 为掺杂浓度，当 $ND \geq 1\,019/\text{cm}^3$ 时，R_C 将主要表现为隧道效应，并随着 ND 的增加迅速下降，对于势垒高度在 0.6 V 左右的金属材料，当硅的掺杂浓度在 $1\,020/\text{cm}^3$ 附近时，R_C 的数值在 $10^{-4} \sim 10^{-3}$。

因此，考虑到栅线的遮光问题，目前普遍采用丝网印刷技术制备栅线。

（二）丝网印刷技术

丝网印刷技术是将丝网作为版基，通过感光制版方法制成带有图文的丝网印版，利用网版上图形部分网孔透浆料和非图形部分网孔不透浆料的基本原理进行印刷。印刷正面电极的流程如下。

1.配制电极浆料

制作太阳能电池电极的厚膜材料称为太阳能电池电极浆料。电极浆料通常将金属粉末与玻璃黏合剂混合并悬浮于有机液体或载体中。其中金属粉末所占的比例决定了厚膜电极的可焊性、电阻率和成本。玻璃黏合剂影响厚膜电极对硅基片

的附着力，这种黏合剂通常由硼硅酸玻璃以及铅、铋一类的重金属占很大比例的低熔点、活性强的玻璃组成。另外，电极浆料印刷烧结后的厚膜导体必须和半导体基片形成良好的欧姆接触，因此，还须添加一些特定的掺杂剂。

2. 刻蚀丝网印版

通常，丝网印版的制备方法有直接制版法、间接制版法和直间混合法。其中，直接制版法是在制版时首先将涂有感光材料的片基感光膜面朝上平放在工作台面上，将绷好的网框平放在片基上；其次在网框内放入感光浆并用软质刮板加压涂布，经干燥充分后揭去塑料片基，附着了感光膜腕丝网后即可用于晒版；最后经显影、干燥后就制出了丝网印版。

3. 浆料印刷

先将硅片固定于工作台上，放置好印版后涂浆料，再在网版的网布上用刮刀在浆料部位施加一定下压力并平移，浆料被刮板从图形部分的网孔中挤压到硅片上。当刮板刮过整个印刷区域后抬起，同时网布也脱离了硅片，工作台返回到上料位置，至此为一个印刷行程。

4. 烧结

将印刷好的硅片烘干，再在烧结炉中高温烧结，燃尽浆料的有机成分，使栅线和硅片形成良好的欧姆接触，从而提高电池的开路电压和短路电流并使其具有稳固的附着力和良好的可焊性。

（三）浆料性能对印刷栅线的影响

丝网印刷用的浆料需要具有触变性，它属于触变混合物。在加上压力或剪切应力（搅拌）时，浆料的黏度下降，撤除应力后，黏度恢复。丝网印刷浆料的这种特性叫作触变性。在丝网印刷过程中，浆料添加到丝网上，由于较高的黏度而"站住"在丝网上；当印刷头在丝网掩模上加压刮动浆料时，浆料黏度降低并透过丝网；刷头停止运动后，浆料再"站住"在丝网上，不再流动，这样的浆料特别适合印刷细线图形。浆料的性能影响栅线情况示意图如图 2-2-2 所示。

太阳能电池片丝网印刷过程中，栅线的宽度一般为 20～60 μm，随着太阳能电池工艺的进步，栅线宽度越来越窄，因此网布的网结在栅线图案中占的面积比例也越来越大。在印刷过程中，网结部分容易出现印虚、印不上的现象，导致栅线断线，影响电池电流的收集，所以，在丝网印刷中不能一味地强调栅线越细越好。

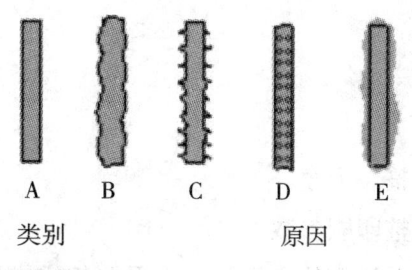

类别	原因
A 理想情况	
B 扩大	黏度太低，屈服点太低
C 边沿不齐	黏度太高，刷头压力太大
D 丝网孔	屈服点太高
E 边沿流出	载体湿润性不好，固体粉末颗粒度太大

图 2-2-2　浆料的性能影响栅线情况示意图

四、丝网印刷机（煊廷 PHP-1515B）介绍

图 2-2-3 是上海煊廷丝印设备有限公司的煊廷 PHP-1515B 型半自动丝网印刷机实物图，具体的操作见仪器使用说明书。

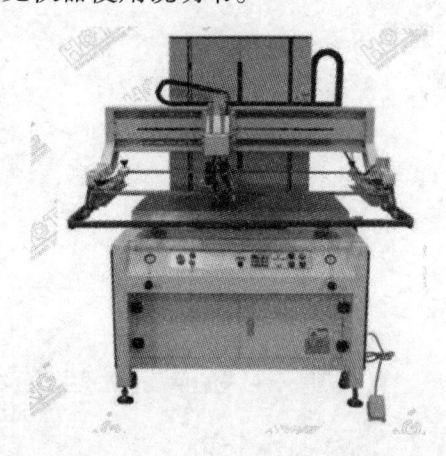

图 2-2-3　煊廷 PHP-1515B 型半自动丝网印刷机实物图

五、实验内容及步骤

（1）准备好浆料、丝网（提前购置的成品）。

（2）硅片表面清洁（抛光、清洗）。

（3）印刷栅线：按煊廷 PHP-1515B 型半自动丝网印刷机操作流程完成印刷。

（4）烘干、烧结。

六、注意事项

（1）保持印刷平台清洁。

（2）印刷平台上的贴纸要平整、干净。

（3）根据具体情况，及时调整印刷参数。

（4）印刷机出现报警时应先看报警信息显示，再采取相应措施。

七、思考题

（1）测定印刷压力的方法有哪些？

（2）影响印刷压力的因素有哪些？

实验三　太阳能电池减反射膜的制备

光损失是影响太阳能电池转换效率的主要因素之一，减反射膜对降低晶硅太阳能电池表面的反射率，提高光的入射率起到了关键作用。在实际应用中，多孔二氧化硅减反射膜不仅可以使电池的转换效率提高 5%～6%，还可以提高基体的抗裂强度；氮化硅减反射膜可使电池的转换效率提高到 16.7%，其薄膜致密性好且能够钝化硅片表面的缺陷；TiO_2 和 ZrO 减反射膜能提高玻璃基体的抗碱性能和防水防潮性能。

一、实验目的

（1）了解太阳能电池减反射膜的基本原理。
（2）掌握太阳能电池减反射膜的制备工艺。

二、实验仪器

正硅酸乙酯、无水乙醇、0.1 mol/L 盐酸、硅烷偶联剂。

三、实验原理

（一）减反射膜

太阳能电池阵正面的太阳能辐射通量（阳光）中，部分被该表面反射掉了，部分透射到电池内部（通过太阳能电池盖片进入太阳能电池），被转换为电能。通常情况下，裸硅表面的反射率很大，可将入射太阳光的 30% 以上反射掉，为了最大限度地减小正面的反射损失，目前主要有两种方法，一是将电池表面腐蚀成绒面，增加光与半导体表面作用的次数，二是镀上一层或多层光学性质匹配良好的减反射膜。

减反射膜又称增透膜，它的主要功能是减少或消除透镜、棱镜、平面镜等光学表面的反射光，从而增加这些元件的透光量，减少或消除系统的杂散光。

光在减反射膜表面反射的示意图如图 2-3-1 所示，如果膜层的光学厚度 t 是某一波长的 1/4，相邻两束光的光程差恰好为波长的 1/2，即反射光 1 与折射光 2 的振动方向相反，叠加的结果使光学表面对该波长的反射光减少。选择适当的膜层折射率，光学表面的反射光可以完全消除。

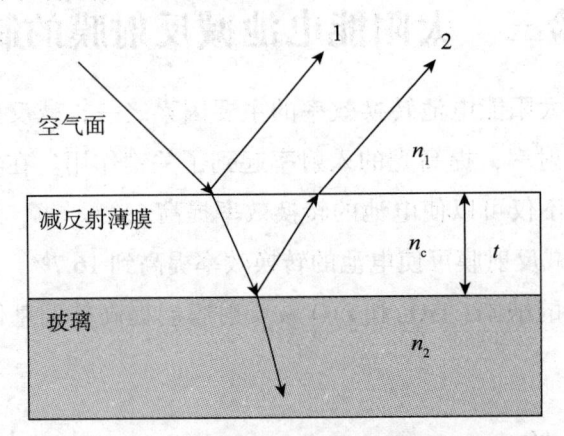

图 2-3-1 光在减反射膜表面反射的示意图

最简单的减反射膜是单层膜，它是镀在光学零件光学表面上的一层折射率较低的薄膜。一般情况下，采用单层减反射膜很难达到理想的效果，为了在单波长实现零反射，或在较宽的光谱区达到好的减反射效果，往往采用双层、三层甚至更多层数的减反射膜。

（二）溶胶 – 凝胶法

溶胶 – 凝胶法是用含高化学活性组分的化合物作前驱体，在液相下将这些原料均匀混合，并进行水解、缩合化学反应，在溶液中形成稳定的透明溶胶体系，溶胶经陈化，胶粒间缓慢聚合，形成三维网络结构的凝胶，凝胶网络间充满了失去流动性的溶剂，形成凝胶。凝胶经过干燥、烧结固化制备出分子乃至纳米亚结构的材料。

溶胶 – 凝胶法的化学过程首先是将原料分散在溶剂中；其次经过水解反应生成活性单体，活性单体进行聚合，开始成为溶胶，进而生成具有一定空间结构的凝胶；最后经过干燥和热处理制备出纳米粒子和所需要的材料。

溶胶 – 凝胶法的基本的反应如下。

（1）水解反应：

$$M(OR)_n + xH_2O \longrightarrow M(OH)_x(OR)_{n-x} + xROH \quad (2-3-1)$$

（2）聚合反应：

$$-M-OH + HO-M- \longrightarrow -M-O-M- + H_2O-M- \quad (2-3-2)$$

$$\text{OR} + \text{HO—M} \longrightarrow \text{—M—O—M—} + \text{ROH} \qquad (2\text{-}3\text{-}3)$$

从反应机理上认识，这两种反应均属于双分子亲核加成反应。亲核试剂的活性、金属烷氧化合物中配位基的性质、金属中心的配位扩张能力和金属原子的亲电性均对该反应的活性产生影响。配位不饱和性定义为金属氧化物总配位数与金属的氧化价态数的差值，它反映了金属中心的配位扩张能力。

四、实验内容及步骤

（一）制备二氧化硅溶胶（两步反应法）

（1）以正硅酸乙酯、异丙醇、蒸馏水为原料，浓盐酸为催化剂，按摩尔比 1：40：9.5：0.005 将它们混合，使用磁力搅拌器在室温下充分搅拌均匀；

（2）用塑料薄膜将盛有混合溶液的烧杯密封，搅拌 24 小时后得到 Sol-A。将市购的硅溶胶 Sol-B（二氧化硅固含量为 40%，粒径为 20～30 nm，溶剂为甲醇）按二氧化硅质量比 1：1 添加到 Sol-A 中，继续反应 24 小时后，即可得到涂覆用的材料 Sol-C。

（二）基片选择

（1）利用 Mitutoyo-SJ 201 粗糙度仪对光伏玻璃（该玻璃用压延法生产，一面为花纹面，另一面为绒面）绒面的粗糙度进行测试，在玻璃面上平均取 10 个测试点；

（2）按玻璃器皿清洗要求对玻璃进行超声清洗、烘干，待用。

（三）旋涂制膜

（1）在基片（绒面一侧）上涂覆溶胶，形成溶胶膜；
（2）干燥溶胶膜，形成凝胶膜。

（四）晶化

将非晶薄膜放入烧结炉烧结，形成晶态薄膜。

（五）测试

（1）利用扫描电子显微镜（TEM）对市购硅溶胶 Sol-B 及反应后的溶胶 Sol-C 进行透射电镜对比；

（2）利用粗糙度仪对光伏玻璃进行粗糙度测定；

（3）利用椭偏仪对光伏减反射膜玻璃（固化后）进行厚度及折射率的测定；

（4）利用透光率检测系统对光伏减反射膜玻璃（钢化后）的透光率进行检测；

（5）利用扫描电子显微镜（SEM）对光伏减反射膜玻璃（钢化后）进行表面形貌扫描。

五、思考题

（1）溶胶-凝胶法制备的减反射膜有哪些特点？

（2）溶胶-凝胶法制备减反射膜的影响因素有哪些？

实验四　晶体硅太阳能电池的隐裂检测

晶体硅太阳能电池由一定数量的电池片串接、组装而成。电池片存在的结构缺陷、隐裂及断栅等问题会产生热斑效应，影响电池效率。利用场致发光效应，能有效地检测太阳能电池中可能存在的缺陷，它是一种有效的检测电池、组件的方法。

一、实验目的

（1）了解热斑效应以及隐裂形成的原因。
（2）掌握隐裂的检测方法。

二、实验仪器

场致发光实验仪（杭州泽胜 ZC2109）。

三、实验原理

（一）热斑效应

太阳能电池组件在使用过程中，若有飞鸟、尘土、落叶等遮挡物附着，太阳能电池组件上就会形成阴影。这些局部阴影长期存在，使该处的电流、电压发生变化，结果是太阳能电池组件局部电流与电压之积增大，导致电池组件上局部温度升高，这种现象叫热斑效应。

引起太阳能电池组件产生热斑效应的原因，除上述提到的阴影外，电池单片内部的结构缺陷、机械损伤引起的隐裂以及栅线制备过程中产生的断点等，都可能使组件在工作时局部发热。在实际使用时，若热斑效应产生的温度超过了一定极限，将会使电池组件上的焊点熔化并毁坏栅线，从而导致整个太阳能电池组件报废。

（二）隐裂

隐裂是晶体硅光伏组件的一种较为常见的缺陷，通俗来讲，就是一些肉眼不可见的细微破裂。晶体硅组件由于其自身晶体结构的缺陷，容易发生破裂，在晶体硅组件生产的工艺流程中，许多环节都有可能造成电池片隐裂。隐裂产生的根本原因，可归纳为硅片上产生了机械应力或热应力。生产中为了降低成本，晶体硅电池片向越来越薄的方向发展，降低了电池片防止机械破坏的能力，更容易产生隐裂。电池片产生的电流主要靠表面相互垂直的主栅线和细栅线收集和导出，当隐裂导致细栅线断裂时，电流将无法被有效输送至主栅线，从而导致电池片部分乃至整片失效。

（三）检测

1. 场致发光检测电池片的基本工作原理

在太阳能电池中，少子的扩散长度远远大于势垒宽度，因此电子和空穴通过势垒区时因复合而消失的概率很小，它们继续向扩散区扩散。在正向偏压下，PN结势垒区和扩散区注入了少数载流子。这些非平衡少数载流子不断与多数载流子复合而发光，这就是太阳能电池场致发光。

发光成像有效地利用了太阳能电池间带中激发电子载流子的辐射复合效应。在太阳能电池两端加入正向偏压，通过在电池片两电极施加电压，产生电场，电池片内被电场激发的电子撞击发光中心，而引致电子解级的跃进、变化、复合，导致发光的一种物理现象。相机通过捕捉这种激发的红外线而成像。太阳能电池的场致发光亮度正比于少子扩散长度，正比于电流密度。调整增益、像素和曝光时间等参数将场致发光照片调整到最佳状态。其发出的红外线可以被灵敏的红外CCD相机获得，即得到太阳能电池的辐射复合分布图像。

由于场致发光强度非常低，而且波长在近红外区域，要求相机必须在900～1 100 nm，具有很高的灵敏度和非常小的噪声。所以仪器相机使用半导体制冷技术，使内部的CCD元件的温度能保持在低于环境温度25 ℃，从而大大减少了因热噪声而带来的成像暗噪声。整个实验过程需要在暗室里进行。

本征硅的带隙约为1.2 eV，通过计算可知，晶体硅太阳能电池的带间直接辐射复合的场致发光光谱的峰值大概在1 100 nm附近，所以，场致发光的光属于近红外线（NIR）。

由于场致发光现象与少子有关，所以场致发光图像的亮度正比于电池片的少子扩散长度与电流密度，有缺陷的地方，少子扩散长度较低，所以显示出来的图像亮度较暗。由此，通过对场致发光图像的分析，研究人员可以有效地发现硅材料缺陷、印刷缺陷、烧结缺陷、工艺污染、裂纹等问题。

2. 常见的电池片场致发光图像及其分析

（1）隐裂。晶体硅材料的脆度较大，因此在电池生产过程中，肉眼能直接观察到的是显裂，而隐裂要通过场致发光图观测。

单晶硅电池的隐裂一般是沿着硅片的对角线方向的"X"状图形，如图2-4-1所示，这是因为（100）面的单晶硅片的解理面是（111）。

图 2-4-1　单晶硅电池的隐裂场致发光图及区域放大图

多晶硅片存在晶界影响，有时很难区分其与隐裂，如图2-4-2中的圆圈区域。这就需要我们仔细分析和分辨，对于那些具有自动分选功能的工业生产线上的场致发光实验仪来说，有不小的困难，必要时也需要人工分析。

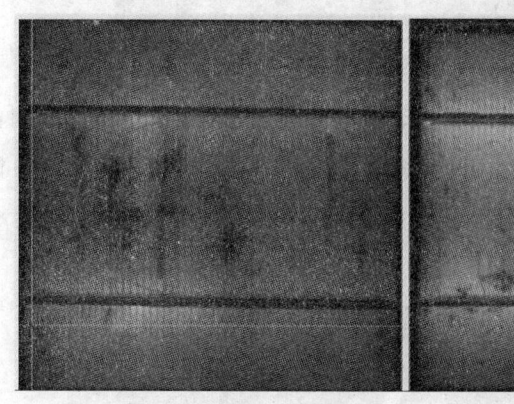

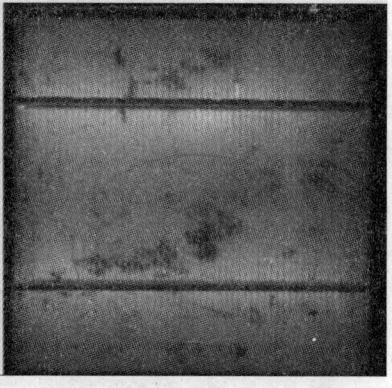

图 2-4-2　多晶硅片的场致发光图

（2）断栅。若是印刷不良导致电池正面银栅线断开，如图2-4-3所示，场致发光图中显示为黑线状。这是因为栅线断掉后，从母线上注入的电流在断栅附近的电流密度较小，导致场致发光强度下降。

图 2-4-3　印刷断线的场致发光图

（3）烧结缺陷。电池片在烧结时，若是烧结参数没有优化或设备存在问题，场致发光图上会显示网纹印，如图 2-4-4（左）所示。这时，采取顶针式或斜坡式的网带则可有效消除网带问题。图 2-4-4（右）是顶针式烧结炉里生产的电池片，图中黑点就是顶针的位置。

图 2-4-4　有烧结问题的场致发光图

（4）"黑心"片。在直拉法制备单晶硅棒系统中，热量的传输过程对晶体缺陷的形成与生长起着决定性的作用。一般情况下，提高晶体的温度梯度，能提高晶体的生长速率，但过大的热应力极易产生位错，产生常说的"黑心"片，其场致发光图如图 2-4-5 所示。

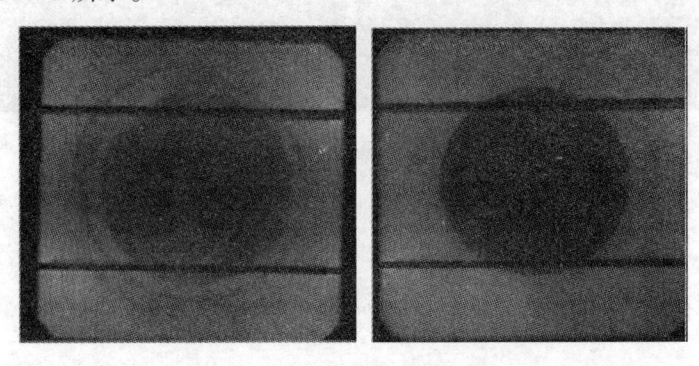

图 2-4-5　"黑心"片场致发光图

在图中可以清楚地看到明显的旋涡缺陷，它们是点缺陷的聚集，产生于硅棒生长时期。此种材料缺陷势必导致硅的非平衡少数载流子浓度降低，从而降低该区域的场致发光强度。

四、场致发光实验仪

（一）场致发光实验仪

太阳能电池隐裂检测的场致发光实验仪实物图如图 2-4-6 所示，该仪器由红外热成像仪和集成测试图像处理系统组成。

图 2-4-6 场致发光实验仪实物图

根据场致发光亮度正比于少子扩散长度的关系，对太阳能电池加载电压后，使之发光，再利用红外成像仪摄取其发光影像，因场致发光亮度正比于少子扩散长度，缺陷处因具有较低的少子扩散长度而发出较弱的光，从而形成较暗的影像。有效定位缺陷类型：通过对产品缺陷图像的观察可以有效地发现硅片、扩散、刻蚀、印刷、烧结等工艺过程中存在的问题。

（二）软件安装

（1）安装相机驱动程序：将 CD 光盘放入计算机主机，在文件夹中找到 "drive software" 并打开，双击安装。

（2）安装 NET 框架：安装"NET Framework3.5 setup"，当提示网络尝试连接次数的时候，不要动，尝试连接 5 次后，就可以了。此时会提示已连接，可以断开网络。完成安装后会弹出对话框。点击"Don't Send"开始运行。

（3）安装数据库软件：打开"SQL Server 2005 Express\SQL Server 2005 express 32 CHS.EXE"，安装 SQL Server 2005 Express。安装路径可以自定义，或接受默认路径。在"身份验证模式"一步中要选择"混合模式"，并设定 FX 密码。其他设置请接受默认值。

（4）打开"SQL Server 2005 Express\SQLServer2005_SSMSEE.msi"，安装 SQL Server Management Studio Express。

（5）配置数据库软件：点击"开始"→"所有程序"→"Microsoft SQL Server 2005"→"配置工具"→"SQL Server 配置管理器"，打开 SQL Server 配置管理器。

（6）在界面列表中选择"SQL Server 2005 网络配置"→"SQLEXPRESS 的协议"。

（7）在右侧栏中双击"TCP/IP"；在"协议"→"已启用"中选中"是"。

将"IP 地址"→"IPAll"→"TCP 动态端口"设置为 1433，点击"确定"。

点击界面中"SQL Server 2005 服务"，点击右侧"SQL Server"，点击"重新启动"。

（8）附加数据库：将"ELTDB0"拷到本地硬盘上要保存数据库的文件夹。

点击"开始"→"所有程序"→"Microsoft SQL Server 2005"→"SQL Server Management Studio Express"，打开 SQL Server Management Studio Express。

"服务器名称"使用默认值，"身份验证"选择"Windows 身份验证"，点击"连接"，点击左侧列表中的"数据库"，点击"附加"。

在"要附加的数据库"一栏点击"添加"。

在树视图中找到并选中"ELTDB0"中的"ELTDB0.mdf"文件，点击"确定"。

（9）创建登录名：展开左侧列表中的"安全性"，点击"登录名"，点击"新建登录名"。

输入登录名的名称，以"elt0"为例，输入"elt0"；选中"SQL Server 身份验证"，输入密码，本说明的密码以"elt0pa"为例，输入"elt0pa"，在"确认密码"中再输入一次；取消"强制实施密码策略"选项。

在"默认数据库"栏中选中"ELTDB0"，在"选择页"中选中"用户映射"。

在"映射到此登录名的用户"栏中的"ELTDB0"前打钩，选中"ELTDB0"。点击"确定"。

（10）安装拍照软件：打开"Fengxiang.msi"，安装"凤翔 EL 测试"软件。

（三）仪器调整及参数设置

（1）相机连接：打开电源开关，开启电脑。用数据线将相机与工控主机 USB 连接起来，此时电脑右下角提示发现新硬件，自动安装即可。

（2）软件功能参数说明：参数界面如图 2-4-7 所示。

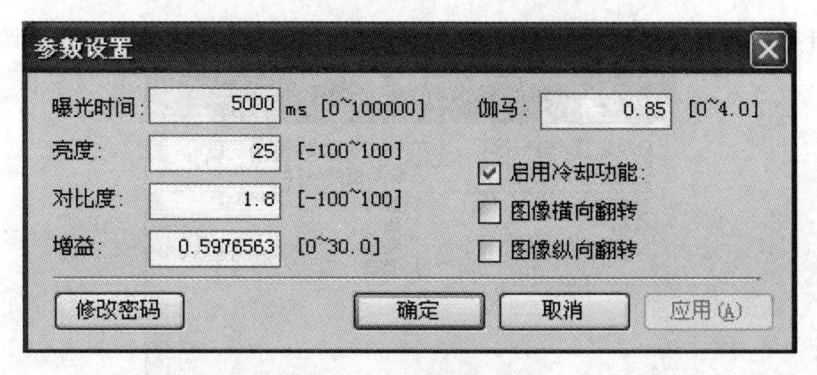

图 2-4-7　参数界面示意图

① 曝光时间：曝光采集时间，与发光亮度成正比，较长一般会取得较好效果；如果同时调整电流，提高"亮度"参数，则有时会导致曝光失败。

② 亮度：设置值不宜太大，因发光亮度原因，与时间、电流相关联。

③ 对比度：明暗对比参数，通常设置在 1.0～2.0 会取得较好效果。

④ 增益：提高图片质量参数，不宜设置太大，通常在 1 值时会取得较好效果，与电流、时间相关，呈反比关系。

⑤ 伽马：图片质量参数，一般设置在 0.8～0.85，平时不要调节，使用过程中无大影响。

⑥ 自动冷却：自动冷却功能要开启，如果没有选中，拍摄的场致发光，图像会有很多噪点。

⑦ 图像剪裁：如图 2-4-8 所示，对图像进行剪裁，可根据自己的要求调整。

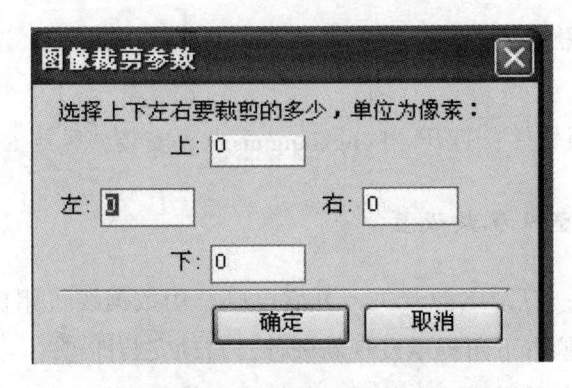

图 2-4-8　图像剪裁示意图

⑧ 分类设置：如图 2-4-9 所示，可以根据公司划分类别等级自行修改。

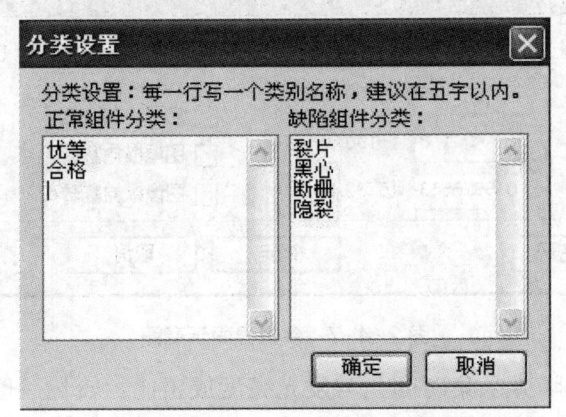

图 2-4-9　分类设置示意图

⑨ 生成测试报告：点击操作界面的导出选项，选中生成测试报告，弹出如图 2-4-10 所示的对话框，可以对里面的文字进行编辑，完成后会形成 Word 文档。

图 2-4-10　报告参数示意图

⑩ 自动保存功能：如图 2-4-11 所示，可以实现保存。

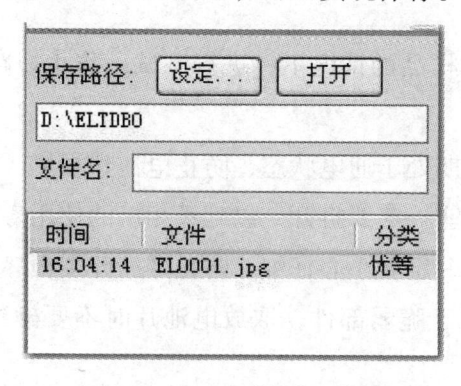

图 2-4-11　自动保存示意图

（四）操作步骤

（1）打开电源开关，开启电脑，接通气源，检查气压表气压是否达到 0.4 MPa（设备一般要求气压不低于 0.4 MPa，工作气压在 0.4～0.5 MPa），电压 220 V 是否稳定。

（2）先打开测试软件，再打开参数设置界面，调整合适参数：将相机的冷却功能打开，曝光时间一般设置为 5 s，亮度一般设置为 22，对比度一般设置为 1.8，增益一般设置为 0.8，伽马设置为 1，再按确定。

（3）打开测试箱体门盖，点击上升按钮，将测试区上电极上升，然后将直流稳压电源打开，再将直流稳压电源的电流及电压调整到合适大小，一开始可以设小一点，避免电流过大。一般检测样品的工作电压、电流为电池片的 1.2～1.5 倍。

（4）在测试区安装适合测试电池片的定位装置（如 156×156 或 182×182 电池片）。

（5）将待测样品电池片放置在测试定位区。

（6）合上门盖，点击下降按钮，上电极下降。

（7）点击"拍照"按钮，或者按键盘 F5 键，拍照开始检测。传出图片，重复以上步骤。

（8）分析图片，保存结果或输出测试报告。

（9）测试结束关机，先点击上升按钮，再将直流稳压电源的电压、电流旋钮调至 0 位，关闭直流稳压电源，打开测试箱体门盖，取出电池片，关闭门盖，关闭场致发光测试软件，关闭电脑，最后关闭电源和气源。

（五）安全注意事项

（1）严禁在无测试样品的情况下，进行测试，防止短路引起直流稳压电源的损坏。

（2）禁止电池片长期处于通电状态，防止电池片损坏。

（3）相机的冷却功能一定要打开，以延长相机的使用寿命。

（4）取放样品时，一定要小心仔细，防止样品碎裂损坏。

（5）探针式电极属于脆弱部件，取放电池片时不要碰到探针，防止划伤皮肤或碰断探针。

（6）工业相机和镜头属于精密设备，其焦距等参数仪器宜事先调整好并紧固。一般不要随意调节。

五、实验内容

（1）了解杭州泽胜 ZC2109 型场致发光实验仪，掌握软件安装、测试流程；

（2）选择单晶、多晶太阳能电池片各 3 片，按仪器操作流程进行检测，并分析隐裂类型。

六、思考题

（1）简述热斑效应形成原因及影响。

（2）如何看待隐裂对光伏组件的影响？

第三章 化合物、有机太阳能电池

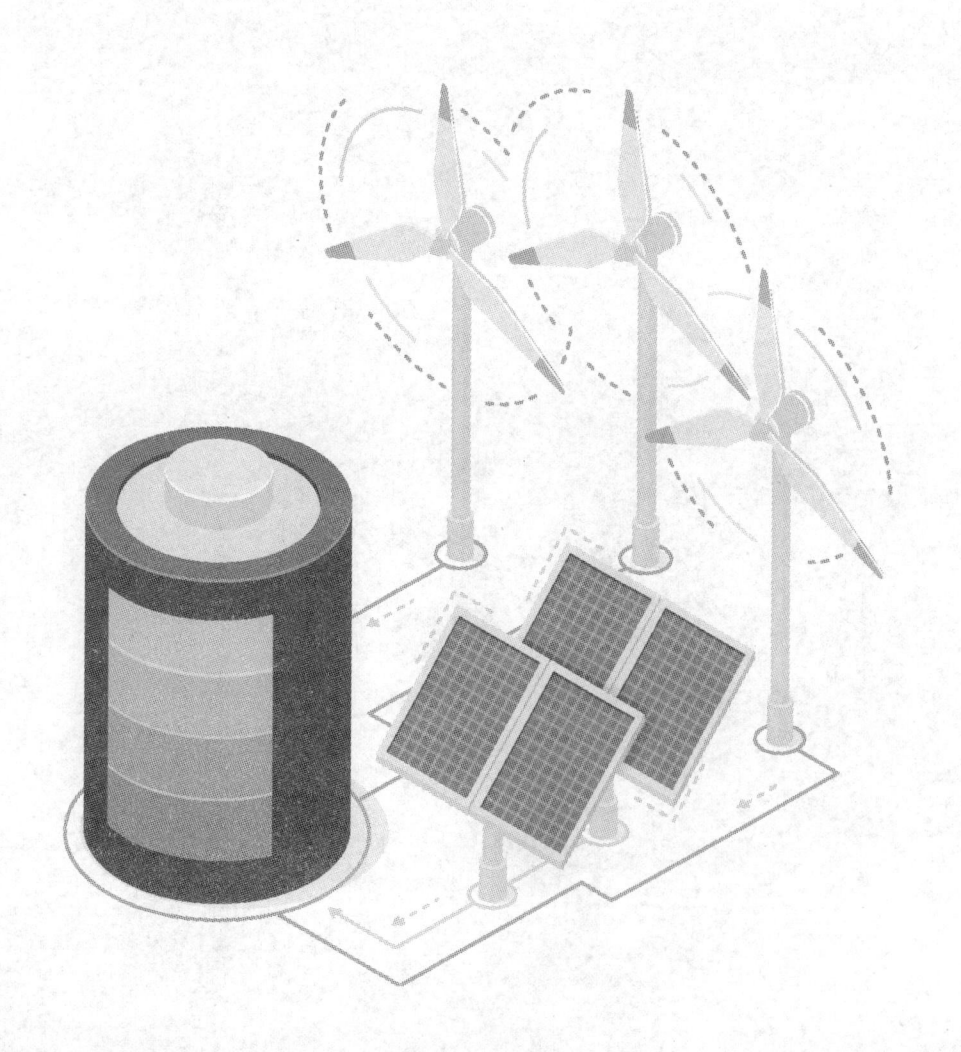

实验一 制备 TCO 玻璃

透明导电膜（TCO）玻璃是在平板玻璃表面通过物理或者化学镀膜的方法均匀地镀上一层透明的导电氧化物薄膜而形成的组件，因其对可见光具有高透过率（透光率 >80%）和高电导率（$\rho<10^{-3}\Omega\cdot cm$），主要应用于薄膜太阳能电池透明电极。常用的制备方法有等离子体增强的化学气相沉积（PECVD）法等。

一、实验目的

（1）了解 TCO 玻璃的制备原理和制备工艺。
（2）学会用 PECVD 法制备二氧化硅薄膜。

二、实验设备

PECVD 设备、基片、测厚仪。

三、实验原理

（一）PECVD 法

PECVD 法是利用气体辉光放电的物理作用来激活粒子的化学气相反应，是集等离子体辉光放电与化学气相沉积于一体的薄膜沉积技术。在低气压下，利用低温等离子体在工艺腔体的阴极上（即样品放置的托盘）产生辉光放电，使样品升温到预定的温度，然后通入适量的工艺气体，经一系列化学反应和等离子体反应，最终在样品表面形成固态薄膜。

在辉光放电所形成的等离子体中，$m_{电子} \ll m_{离子}$，两者通过碰撞交换能量的过程比较缓慢，所以在等离子体内部，各种带电粒子各自达到其热力学平衡状态，这时的等离子体中没有统一的温度，就只有所谓的电子气温度和离子温度。若电子气中电子能量为 1~10 eV，相当于温度为 $10^4 \sim 10^5$ K，而气体温度在 10^3 K 以下，这时，原子、分子、离子等粒子的温度只有 25~300 ℃，即电子气的温度是普通气体温度的 10~100 倍。所以，等离子体的温度虽然不高，但其内部却处于受激发的状态，其电子能量足以使气体分子键断裂，导致具有化学活性的物质（活化分子、离子、原子等）产生，使本来需要在高温下才能进行的化学反应，当处于等离子体场中时，由于反应气体的电激活作用而大大降低了反应温度，从而在较低的温度甚至在常温下也能反应并在基片上形成固体薄膜。

用于激发 CVD 的等离子体有射频等离子体、直流等离子体、脉冲等离子体和微波等离子体以及电子回旋共振等离子体等。

等离子体在化学气相沉积中有如下作用：

（1）将反应物中的气体分子激活成活性离子，降低反应所需的温度；

（2）加速反应物在表面的扩散作用（表面迁移率），提高成膜速度；

（3）对于基体及膜层表面，等离子体具有溅射清洗作用，溅射掉那些结合不牢的粒子，从而加强了形成的薄膜和基板的附着力；

（4）反应物中的原子、分子、离子和电子之间的碰撞、散射作用，使形成的薄膜厚度均匀。

（二）PECVD 法的优点

（1）低温成膜（300～350 ℃）。对基体影响小，避免高温成膜造成的膜层晶粒粗大以及膜层和基体间生成脆性相等问题。

（2）较低的压强。反应物中的分子、原子、等离子粒团与电子之间的碰撞、散射、电离等作用，提高了膜厚及成分的均匀性，使得到的薄膜针孔少、组织致密、内应力小、不易产生裂纹。

（3）扩大了应用范围。PECVD 法提供了在不同的基体上制取各种金属薄膜、非晶态无机薄膜、有机聚合物薄膜的可能性。

（4）膜层对基体的附着力大于普通 CVD。

（三）PECVD 设备

PECVD 设备由基片装载区、炉体、真空系统、气柜和控制系统组成。其中，炉体的结构如图 3-1-1 所示。PECVD 一般通过在两个平行电极之间施加一定频率的射频电源，在射频电源作用下，反应气体发生辉光放电现象。在气体辉光放电过程中，电子与气体分子剧烈碰撞，能量足以使气体分子电离成 SiH_x 基团与 Si、H 原子，这些基团与原子运动到衬底表面进行成膜生长。PECVD 与传统 CVD 相比，最大的优点在于通过气体等离子体辉光放电使气体分解，可以有效降低硅薄膜的沉积温度。

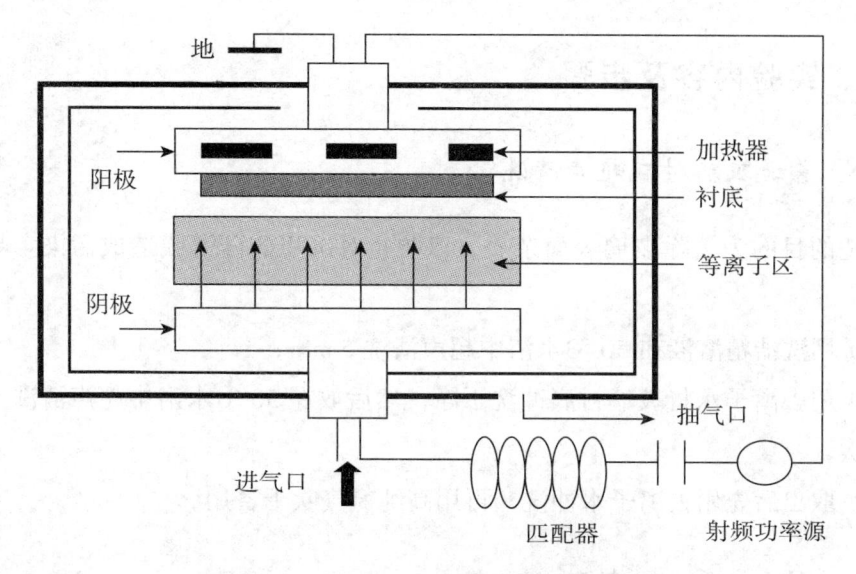

图 3-1-1 PECVD 设备炉体的结构示意图

（四）PECVD 制备 SiO_2 薄膜的基本原理

利用 PECVD 沉积 SiO_2 薄膜，沉积源选用正硅酸乙酯（TEOS），其分子式为 $Si(OC_2H_5)_4$，是一种含硅的有机化合物，也是平板玻璃和微电子工艺中较为常用的一种 SiO_2 的沉积源。以 TEOS 为主的 SiO_2 化学气相沉积法，因为 TEOS-SiO_2 的阶梯覆盖能力甚佳，已广泛地为半导体业界所采用。利用正硅酸乙酯进行 PECVD 沉积 SiO_2 薄膜时，TEOS 在等离子体内发生的反应如式（3-1-1）所示：

$$Si(OC_2H_5)_4(g) \longrightarrow SiO_2(g) + 4C_2H_4(g) + 2H_2O(g) \quad (3\text{-}1\text{-}1)$$

当 O_2 加入后，其被等离子体电离为活性氧原子，它导致式（3-1-1）分成两个步骤：

$$Si(OC_2H_5)_4 + 4O \longrightarrow Si(OH)_4 + 4C_2H_4O \quad (3\text{-}1\text{-}2)$$

$$Si(OH)_4 \longrightarrow SiO_2 + 2H_2O \quad (3\text{-}1\text{-}3)$$

首先，TEOS 会与活性氧原子反应生成 $Si(OH)_4$，相对于直接分解的 SiO_2，这种 $Si(OH)_4$ 更容易吸附到玻璃衬底上。而实际上 $Si(OH)_4$ 并不太稳定，它很容易脱掉一个水分子从而生成 SiO_2。此外，由反应（3-1-1）可知，该反应是一个分解反应，当 O_2 加入时，等离子体里面的活性氧浓度迅速增加。而活性氧会大量地消耗 TEOS 中的碳和氢，生成碳氧化合物和水。这会促进该分解反应的发生，从而使得生成的 SiO_2 增加。

四、实验内容及步骤

（一）普通玻璃衬底超声清洗

清洗的目的为去除玻璃表面杂质，以防止对沉积的硅薄膜造成污染。具体操作如下：

（1）用洗洁精溶液在 50 ℃水浴中超声清洗 5 min；

（2）用去离子水将玻璃衬底冲洗干净，然后放在 50 ℃水浴中超声清洗 5 min，换水四次。

（3）取出后先用去离子水冲洗，再用高纯氮气吹干备用。

（二）制备二氧化硅薄膜

（1）装载基片：将清洗好的衬底迅速装入 PECVD 腔室中的衬底盘上，并马上关闭 PECVD 腔室，开始抽真空，同时开始衬底加热。

（2）镀膜：打开真空泵抽真空，当腔室真空抽至 2×10^{-4} Pa 时，通入反应气体氧气，通过调节腔室与旋片分子泵之间的插板阀调节沉积气压至设定值，然后打开射频电源，调节射频功率至合适值（此时，反应气体开始发生等离子体辉光放电现象，开始沉积二氧化硅薄膜）。

（3）炉体清洁：薄膜沉积结束后先关闭射频源，再将反应气体截止阀关闭。将腔室与旋片分子泵之间的插板阀开至最大，抽高真空 10 min，以抽掉腔室中残余的反应气体。

（4）关机：抽真空结束后，关闭插板阀，关闭分子泵电源。待分子泵转速降至 0 后，关闭前级阀、机械泵。

（5）取样品：关机后，在腔室中充入空气至大气压，打开腔室，取出样品。

五、数据记录

反应时间与反应温度对二氧化硅薄膜宏观质量和厚度的影响分别见表 3-1-1 和表 3-1-2 所列。

表3-1-1　反应时间对二氧化硅薄膜宏观质量和厚度的影响

真空度/Pa	0.5	1	1.5	2.0	2.5	3	4
宏观质量							
厚度/nm							

表3-1-2　反应温度对二氧化硅薄膜宏观质量和厚度的影响

温度/℃	50	100	150	200	250	300	350
宏观质量							
厚度/nm							

六、注意事项

（1）抽真空时注意不要操作失误打开腔室。

（2）实验过程中注意观察实验现象，一旦发生意外，及时切断电源。

（3）实验结束后不要着急离开，等电源都关闭后检查一遍再离开。

七、思考题

（1）实验中有哪些杂质影响？

（2）沉积薄膜时会有哪些杂质污染？

（3）在TCO玻璃的制备过程中对其性能的影响因素有哪些？

（4）制备的TCO玻璃的光学和电学性能与你查到的该类薄膜的性能有什么不同？为什么？

实验二　溶胶-凝胶法制备化合物薄膜

溶胶-凝胶法是溶液镀膜法中的一种，其制膜过程无须真空环境，制膜成本低、周期短、处理面积大，且制备的膜层相比阳极氧化、电镀等，具有成分易控制、均匀性好等优点，在电子元器件、表面涂覆和装饰等方面得到了广泛应用。

一、实验目的

（1）了解溶胶-凝胶法制备薄膜的基本原理。
（2）掌握旋涂法制备薄膜的具体方法。

二、实验仪器与药品

（1）实验仪器：电子天平、磁力搅拌器、甩胶机、净化操作台、快速退火处理设备、玻璃仪器、测厚仪、紫外可见分光光度计。
（2）实验药品：醋酸钡、钛酸丁酯、冰乙酸、乙二醇甲醚、硅片等。

三、实验原理

溶胶-凝胶法的基本过程是一些易水解的金属化合物（金属醇盐或无机盐）先在某种有机溶剂中与水发生作用，通过水解缩聚反应形成凝胶膜；再通过热分解，去除凝胶中残余的有机物和水分；最后通过热处理形成所需要的结晶膜。溶胶-凝胶法制备薄膜的工艺流程如图3-2-1所示。

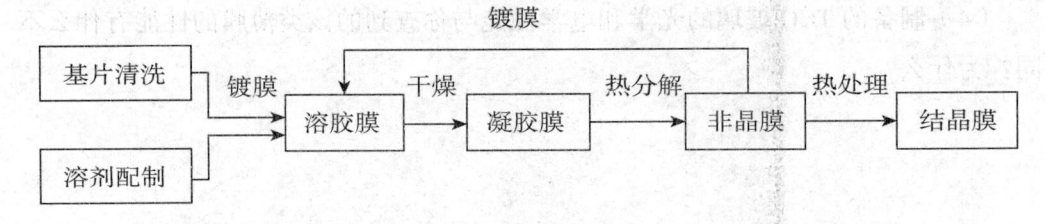

图 3-2-1　溶胶-凝胶法制备薄膜的工艺流程

溶胶形成凝胶的水解和缩聚反应如下：

$$M(OH)_n + xH_2O \longrightarrow (RO)_{n-x}M-(OH)_x + xROH（水解反应） \quad (3-2-1)$$

$$-M-OH + OH-M \longrightarrow M-O-M- + H_2O（脱水缩聚反应） \quad (3-2-2)$$

$$-M-OH + RO-M \longrightarrow M-O-M + ROH（脱醇缩聚反应） \quad (3-2-3)$$

溶胶-凝胶技术由于各组分在溶液或溶胶中彻底混合，达到了分子级接触，因而具有微区组分高度均匀、化学计量比较准确、易于掺杂及低温下获得高熔点化合物的优点。

四、实验内容及步骤

（一）配制溶液

（1）计算配置 10 mL 0.3 mol/L 的 $BaTiO_3$ 前体溶液所需的醋酸钡和钛酸丁酯的用量。经计算，醋酸钡为 0.76 g、钛酸丁酯为 1.02 g。

（2）在电子天平上铺称量纸，调零后称取醋酸钡 0.76 g，将醋酸钡放入称量瓶中，放入磁子。

（3）用量筒量取 2 mL 冰乙酸，将其加入放有醋酸钡的称量瓶，盖紧塞子后，将称量瓶放在磁力搅拌器上，使醋酸钡充分溶解。

（4）将另一个称量瓶放在电子天平上，调零，称取 1.02 g 钛酸丁酯，用量筒量取 4 mL 乙二醇甲醚，将其调入装有钛酸丁酯的称量瓶内，将称量瓶放在磁力搅拌器上，使液体混合均匀。

（5）将钛酸丁酯溶液缓慢加入醋酸钡溶液，将称量瓶放在磁力搅拌器上使液体混合均匀。再将称量瓶中的溶液加乙二醇甲醚配至 10 mL，将称量瓶放在磁力搅拌器上使液体混合均匀，然后用玻璃漏斗过滤。

（6）测试所配溶液的 pH，测得 pH 为 6。

（二）甩胶法制膜

（1）先将硅片用丙酮清洗，再用乙醇清洗。

（2）开启净化操作台电源，开启通风电源，开启甩胶机电源，调整转速为 3 000 r/min，甩胶时间为 20 s。

（3）用镊子将清洗好的硅片放在甩胶头上，打开真空泵，用滴管将 2～3 滴溶液滴在基片上，溶液铺满基片表面后，启动电源进行甩胶，甩好的基片在热台（250 ℃）上烘烤 5 min。然后利用设定好的快速热处理升温曲线，在快速热退火处理设备内进行退火。

（4）重复甩胶和热处理步骤两次，得到一定厚度的 $BaTiO_3$ 薄膜。

（5）在显微镜下观察薄膜表面。

五、数据记录

旋涂次数与旋涂时间对薄膜厚度、反射率和折射率的影响分别见表 3-2-1 和表 3-2-2 所列。

表3-2-1　旋涂次数对薄膜厚度、反射率和折射率的影响

旋涂次数 / 次	1	2	3	4	5
薄膜厚度 / nm					
反射率 / %					
折射率 / %					

表3-2-2　旋涂时间对薄膜厚度、反射率和折射率的影响

旋涂时间 / 分	1	5	10	15	20	25	30
薄膜厚度 /nm							
反射率 / %							
折射率 / %							

六、注意事项

（1）实验过程中用到了酸、碱溶液，实验结束后回收至指定地方。

（2）实验过程中用到的玻璃仪器要轻拿轻放，防止摔碎。

（3）实验过程中温度会很高，防止接触烫伤。

七、思考题

（1）前体溶液中，冰乙酸起什么作用？为什么要控制溶液的 pH？

（2）溶液放置一段时间后，黏度有什么变化？这一变化说明了什么？

实验三　制备染料敏化太阳能电池

染料敏化太阳能电池的原材料丰富、成本低、工艺技术相对简单，在大面积工业化生产中具有较大的优势，同时其所有原材料和生产工艺都是无毒、无污染的，部分材料可以得到充分回收，对保护人类环境具有重要意义。

一、实验目的

（1）了解染料敏化太阳能电池的工作原理及性能特点。
（2）掌握染料敏化太阳能电池光阳极的制备方法以及电池的组装方法。
（3）学习染料敏化太阳能电池性能的测试方法。

二、实验仪器与试剂

（1）实验仪器：可控强度调光仪、紫外可见分光光度计、超声波清洗器、恒温水浴槽、多功能万用表、电动搅拌器、马弗炉、红外线灯、研钵、三室电解池、铂片电极、饱和甘汞电极、石英比色皿、导电玻璃、镀铂导电玻璃、锡纸、生料带、三口烧瓶（500 mL）、分液漏斗、布氏漏斗、抽滤瓶、容量瓶、烧杯、镊子等。

（2）实验试剂：钛酸四丁酯、异丙醇、硝酸、无水乙醇、乙二醇、乙腈、碘、碘化钾、TBP、丙酮、石油醚、绿色叶片、红色花瓣、去离子水等。

三、实验原理

（一）染料敏化太阳能电池

染料敏化太阳能电池以低成本的纳米二氧化钛和光敏染料为主要原料，模拟自然界中植物利用太阳能进行光合作用，将太阳能转化为电能。它是一种"三明治"结构，其结构示意图如图 3-3-1 所示。它主要由导电玻璃、染料光敏化剂、多孔结构的 TiO_2 半导体纳米晶薄膜、电解质和铂电极构成。其中吸附了染料的半导体纳米晶薄膜称为光阳极，铂电极叫作对电极或光阴极。

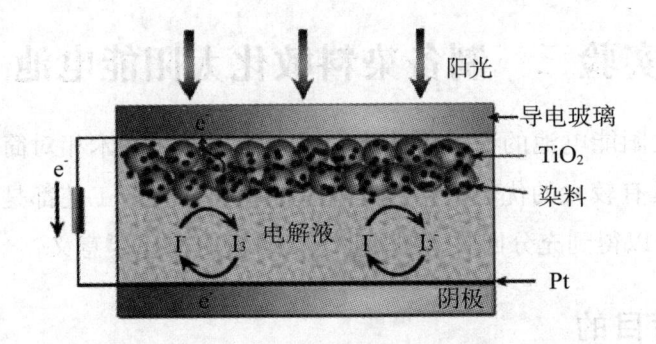

图 3-3-1　染料敏化太阳能电池的结构示意图

（二）染料敏化太阳能电池的工作原理

染料敏化太阳能电池的工作原理示意图如图 3-3-2 所示，电池中的 TiO_2 禁带宽度为 3.2 eV，只能吸收紫外区域的太阳光，可见光不能将它激发，于是在 TiO_2 膜表面覆盖一层染料光敏化剂来吸收更宽的可见光，当太阳光照射在染料上，染料分子中的电子受激发跃迁至激发态，由于激发态不稳定，并且染料与 TiO_2 薄膜接触，电子于是注入 TiO_2 导带中，此时染料分子自身变为氧化态。注入 TiO_2 导带中的电子进入导带底，最终通过外电路流向对电极，形成光电流。处于氧化态的染料分子在阳极被电解质溶液中的 I^- 还原为基态，电解质中的 I_3^- 被从阴极进入的电子还原成 I^-，这样就完成了光电化学反应循环。但是反应过程中，若电解质溶液中的 I^- 在光阳极上被 TiO_2 导带中的电子还原，则外电路中的电子将减少，这就类似硅电池中的"暗电流"。整个反应过程可表示如下：

（1）染料 D 受激发由基态跃迁到激发态 D^*：$D + h\nu \rightarrow D^*$；

（2）激发态染料分子将电子注入半导体导带中：$D^* \rightarrow D^+ + e^-$；

（3）I^- 还原氧化态染料分子：$3I^- + 2D^+ \rightarrow I_3^- + 2D$；

（4）I_3^- 扩散到对电极上得到电子使 I^- 再生：$I_3^- + 2e^- \rightarrow 3I^-$；

（5）氧化态染料与导带中的电子复合：$D^+ + e^- \rightarrow D$；

（6）半导体多孔膜中的电子与进入多孔膜中的 I_3^- 复合：$I_3^- + 2e^- \rightarrow 3I^-$。

其中，反应（5）的反应速率越小，电子复合的机会越小，电子注入的效率就越高；反应（6）是造成电流损失的主要原因。

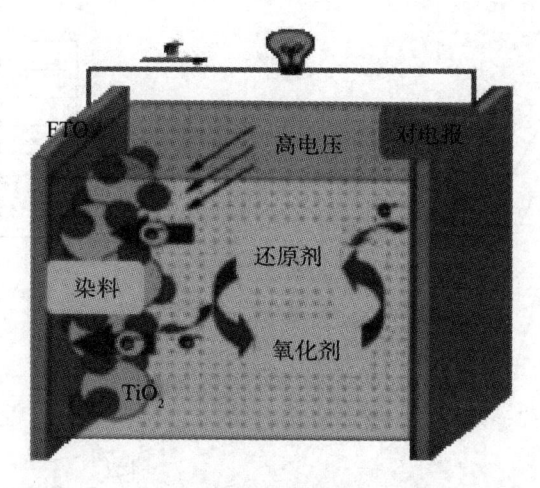

图 3-3-2 染料敏化太阳能电池的工作原理示意图

（三）光阳极

目前，染料敏化太阳能电池常用的光阳极是纳米 TiO_2。TiO_2 是一种价格便宜、应用广泛、无污染、稳定且抗腐蚀性良好的半导体材料。TiO_2 有锐钛矿型和金红石型两种不同晶型，其中锐钛矿型的 TiO_2 带隙（3.2 eV）略大于金红石型的带隙（3.1 eV），且比表面积略大于金红石型的比表面积，对染料的吸附能力较好，因而光电转换性能较好。因此目前使用的都是锐钛矿型的 TiO_2。研究发现，锐钛矿型的 TiO_2 在低温稳定，高温则转化为金红石型的 TiO_2，为了得到纯锐钛矿型的 TiO_2，退火温度为 450 ℃。

（四）染料光敏化剂的特点和种类

可进行光合作用的植物组织内含有大量的色素（叶绿素、叶黄素、类胡萝卜素、花青素），在进行光合作用时，其可以补充植物生长所需要的能量，故该类色素对可见光有良好的吸收作用，且不同色素对可见光的吸收波长范围及吸光值不同，不同植物对可见光的吸收特性规律图如图 3-3-3 所示。

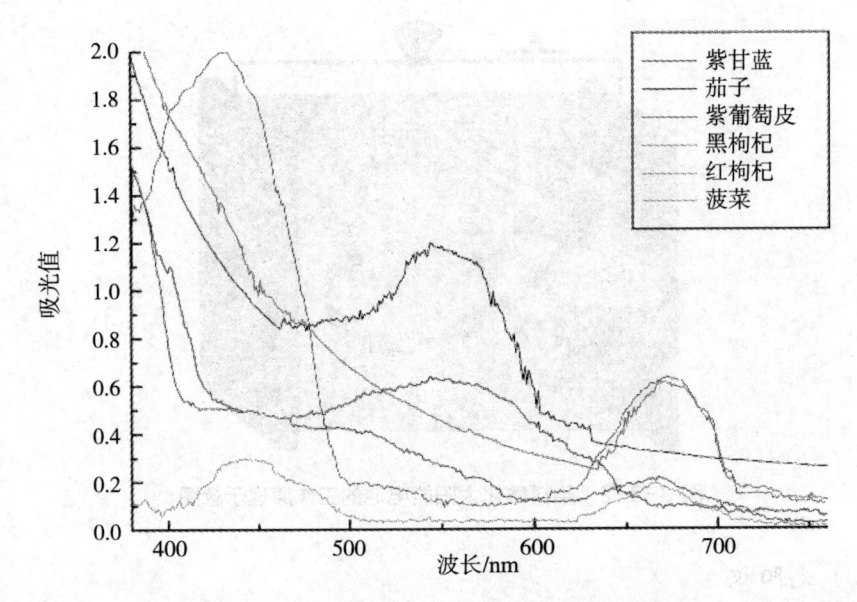

图 3-3-3　不同植物对可见光的吸收特性规律图

由图 3-3-3 可以看出，不同植物所含色素的类型不同，不同类型的色素对可见光的吸收波段及峰值吸光度不同，实验中应尽可能地选取吸光特性优良的植物及其色素类型。

不同色素对可见光的峰值吸光度不同，表 3-1-1 给出了常见色素的吸收峰及其峰值吸光度。

表3-1-1　常见色素的吸收峰及其峰值吸光度

色素名称	叶绿素 a	叶绿素 b	叶黄素	类胡萝卜素	花青素
吸收峰	452、665	430、642	403	432	545
峰值吸光度	1.51	1.10	1.28	1.97	1.02

用于染料敏化太阳能电池的染料光敏化剂应满足以下几点要求：

（1）牢固吸附于半导体材料；

（2）氧化态和激发态有较高的稳定性；

（3）在可见区有较高的吸收；

（4）有长寿命的激发态；

（5）足够负的激发态氧化还原电势以使电子注入半导体导带；

（6）对于基态和激发态氧化还原过程要有低的动力势垒，以便在初级电子转移步骤中自由能损失最小。

目前使用的染料可分为以下4类。

（1）钌多吡啶有机金属配合物。这类染料在可见光区有较强的吸收，氧化还原性能可逆，氧化态稳定性高，是性能优越的光敏化染料。用这类染料敏化的染料敏化太阳能电池保持着目前较高的转换效率，但原料成本较高。

（2）酞菁和菁类系列染料。酞菁分子中引入磺酸基、羧酸基等能与TiO_2表面结合的基团后，可用作光敏化染料。分子中的金属原子可为Zn、Cu、Fe、Ti和Co等金属原子。它的化学性质稳定，对太阳光有很高的吸收效率，自身也表现出很好的半导体性质。而且通过改变不同的金属可获得不同能级的染料分子，这些都有利于光电转化。

（3）天然染料。自然界经过长期的进化，演化出了许多性能优异的染料，广泛分布于各种植物中，提取方法简单。因此，近几年来，很多研究者都在探索从天然染料或色素中筛选出适合光电转换的染料。植物的叶子具有光化学能转化的功能，因此，从绿叶中提取的叶绿素应有一定的光敏活性。从植物的花中提取的花青素也有较好的光电性能，有望成为高效的光敏化染料。天然染料突出的特点是成本低、所需的设备简单。

（4）固体染料。利用窄禁带半导体对可见光良好的吸收，可在TiO_2纳米多孔膜表面镀一层窄禁带半导体膜。如InAs和PbS，利用其半导体性质和TiO_2纳米多孔膜的电荷传输性能，组成多结太阳能电池。窄禁带半导体充当光敏化染料的作用，再利用固体电解质组成全固态电池。但窄禁带半导体严重的光腐蚀阻碍了其进一步应用。

（五）电解质

电解质在电池中主要起传输电子和空穴的作用。目前染料敏化太阳能电池电解质通常为液态电解质，它主要由I^-/I_3^-、$(SCN)_2/SCN^-$、$[Fe(CN)_6]^{3-}/[Fe(CN)_6]^{4-}$等氧化还原电对构成。但液态电解质也存在一些缺点。

（1）液态电解质的存在易导致吸附在TiO_2薄膜表面的染料解析，影响电池的稳定性。

（2）溶剂会挥发，可能与光敏化染料作用导致染料发生光降解。

（3）密封工艺复杂，密封剂也可能与电解质反应，因此所制得的太阳能电池不能存放很久。要使染料敏化太阳能电池走向实用，须解决电解质问题，固态电解质是解决上述问题的有效途径之一。

（六）光阴极

电池的阴极一般由镀了 Pt 的导电玻璃构成。一般用在染料敏化太阳能电池上的导电玻璃有两种，它们分别是 ITO（掺 In 的 SnO_2 膜）导电玻璃和 FTO 导电玻璃（掺 F 的 SnO_2 膜）。导电玻璃的透光率要求在 85% 以上，其方块电阻为 10～20 Ω/cm^2，导电玻璃起传输和收集电子的作用。I_3^- 在光阴极上得到电子再生成 I^- 离子，该反应越快越好，但由于 I_3^- 在光阴极上还原的过电压较大，反应较慢。为了解决这个问题，可以在导电玻璃上镀上一层 Pt，这不仅降低了电池中的暗反应速率，还提高了太阳光的吸收率。

（七）染料敏化太阳能电池的性能指标

染料敏化太阳能电池的性能测试目前通用的是辐射强度为 1 000 W/m^2 的模拟太阳光，即 AM1.5 太阳光。评价的主要指标包括开路电压（U_{OC}）、短路电流（I_{SC}）、染料敏化太阳能电池的 I–U 特性、填充因子（FF）、单色光光电转换效率（IPCE）和总光电转换效率（η）。

开路电压指电路处于开路时染料敏化太阳能电池的输出电压，表示太阳能电池的电压输出能力。短路电流指太阳能电池处于短接状态下流经电池的电流大小，表征太阳能电池所能提供的最大电流。U_{OC} 和 I_{SC} 是染料敏化太阳能电池的重要性能参数，要提高染料敏化太阳能电池的光电性能，就要有高的 U 和 I_{SC}。

判断染料敏化太阳能电池输出特性的主要方法是测定其光电流和光电压曲线即 I–U 特性曲线。填充因子是指太阳能电池在最大输出功率（P_{max}）时的电流（I_m）和电压（U_m）的乘积与短路电流和开路电压乘积的比值，它用于表征因由电池内部阻抗导致的能量损失。

染料敏化太阳能电池的光电转换效率指在外部回路上得到最大输出功率时的光电转换效率。对于光电转换器件经常用单色光光电转换效率（IPCE）来衡量其量子效率，IPCE 为单位时间内外电路中产生的电子数与单位时间内入射单色光电子数之比。由于太阳光不是单色光，包括了整个波长，因此对于染料敏化太阳能电池常用总光电转换效率来表示其光电性能。η 为电池的最大输出功率与入射光强之比。

四、实验内容及步骤

(一) 制备 TiO_2 溶胶

(1) 在 500 mL 的三口烧瓶中加入 1∶100 (体积比) 的硝酸溶液约 50 mL,将三口烧瓶置于 65 ℃的恒温水浴中。

(2) 在无水环境中,将 5 mL 钛酸丁酯加入含有 2 mL 异丙醇的分液漏斗中,将混合液充分震荡后缓慢滴入 (约 1 滴/秒) 上述三口烧瓶中的硝酸溶液中,并不断搅拌,直至获得透明的 TiO_2 溶胶。

(二) 制备 TiO_2 电极

取 4 片导电玻璃,经无水乙醇、去离子水冲洗、干燥后分别将其插入溶胶中浸泡,提拉数次,直至形成均匀液膜。取出平置、自然晾干,在红外灯下烘干。最后在 450 ℃下于马弗炉中煅烧 30 min,最终得到锐态矿型 TiO_2 修饰电极。

(三) 制备和表征染料光敏化剂

1. 叶绿素的提取

采集新鲜绿色幼叶,洗净晾干,去主脉,称取 5 g,剪碎放入研钵,加入少量石油醚,充分研磨,然后转入烧杯,再加入约 20 mL 石油醚,超声波提取 15 min 后过滤,弃掉滤液。将滤渣自然风干后转入研钵中,再以同样的方法用 20 mL 丙酮提取,过滤后收集滤液,即得到了取出叶黄素的叶绿素丙酮溶液,将其作为待用的光敏化染料。

2. 花红素的提取

称取 5 g 黄花的花瓣,洗净晾干,放入研钵捣碎,加入 95% 乙醇淹没浸泡 5 min 后转入烧杯,继续加入约 20 mL 乙醇,超声波提取 20 min 后过滤,得到含花红素的乙醇溶液,将其作为待用的光敏化染料。

3. 染料光敏化剂的 UV-Vis 吸收光谱测定

以有机溶剂 (丙酮或乙醇) 做空白,在 400～720 nm 内以 20 nm 为间隔测定叶绿素和花红素的紫外可见光吸收光谱,由此确定染料光敏化剂的电子吸收波长范围。

（四）染料敏化太阳能电池的电极制备、组装和光电性能测试

1. 电极制备

将经过煅烧后的 4 个 TiO_2 电极冷却到 80 ℃左右，分别浸入上述两类染料溶液中，浸泡 2~3 h 后取出，清洗、晾干，即获得经过染料敏化的 4 个 TiO_2 电极，然后采用锡薄膜在未覆盖 TiO_2 膜的导电玻璃上引出导电极，并用水胶布外封。

2. 组装

分别以染料敏化纳米 TiO_2 电极为工作电极，以空白导电电极为光阴极，将工作电极与光阴极固定（导电一面相对），在其间隙中滴入以乙腈为溶剂、以 0.5 mol/L KI+0.5 mol/L I_2 + 0.2 mol/L TBP 为溶质的液态电解质，封装后即得到不同染料敏化的太阳能电池。

3. 光电性能测试

将组装好的染料敏化太阳能电池放入分光光度计样品室中，调节波长，用万用表测电流并记录数据。

五、思考题

（1）影响染料敏化太阳能电池光电转换效率的因素有哪些？

（2）染料光敏化剂在染料敏化太阳能电池中的作用有哪些？

（3）光阳极的哪些性质会影响电池性能？

（4）与其他太阳能电池比较，染料敏化太阳能电池有哪些优势和局限性？

实验四　制备 CIS 基薄膜太阳能电池光的吸收层

CIS（$CuInSe_2$）基薄膜太阳能电池以其优越的综合性能被业内公认为是最具工业化前景的一类薄膜太阳能电池。利用计算机模拟技术，对 CIS 基薄膜太阳能电池材料进行理论计算模拟，解决从实验很难进入的原子和电子层面上的问题，将是完善和深化这类电池材料基础理论研究的有效途径。

一、实验目的

（1）了解 CIS 基薄膜太阳能电池光吸收层的工作原理及性能特点。
（2）掌握 CIS 基薄膜太阳能电池光吸收层的制备方法。

二、实验仪器与试剂

（1）实验仪器：超声波清洗器、恒温水浴槽、多功能万用表、电动搅拌器、马弗炉、研钵、三室电解池、石英比色皿、导电玻璃、分液漏斗、抽滤瓶、容量瓶、烧杯、镊子等。
（2）实验试剂：硫酸铟、硫代乙酰胺、三水合硝酸铜。

三、实验原理

（一）CIS 基薄膜太阳能电池的结构

CIS 基薄膜太阳能电池以其高转换效率、低制造成本以及性能稳定的特点成为光伏界研究热点之一。CIS 基薄膜太阳能电池是在玻璃或其他廉价衬底上分别沉积多层而构成的光伏器件，其结构为光→金属 Al 栅状电极→窗口层（CdS）→吸收层（CIS）→金属背电极（Mo）→玻璃衬底。CIS 基薄膜太阳能电池的结构如图 3-4-1 所示。

CIS 基薄膜太阳能电池已发展了不同的结构，主要差别在于窗口层材料的选择，最早是用 CdS，其禁带宽度为 2.42 eV，通过掺入适量的 ZnS，成为 CdZnS 材料，带隙有所增加。鉴于 CdS 对人体有害，大量使用会污染环境，且材料本身带隙偏窄，近年来窗口层材料改用 ZnO，带宽可达 3.3 eV，而 CdS 只作为过渡层，其厚度大约是几十纳米。为了提高光的入射率，在电池表面做一层减反射膜 MgF_2，它有益于电池效率的提高。

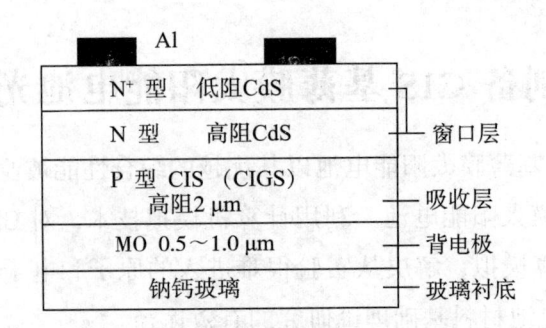

```
        Al
┌─────────────────────┐
│ N⁺型    低阻CdS      │
├─────────────────────┤── 窗口层
│ N 型    高阻CdS      │
├─────────────────────┤
│ P 型  CIS (CIGS)    │── 吸收层
│     高阻2 μm         │
├─────────────────────┤── 背电极
│   MO  0.5～1.0 μm   │
├─────────────────────┤── 玻璃衬底
│     钠钙玻璃         │
└─────────────────────┘
```

图 3-4-1　CIS 基薄膜太阳能电池的结构示意图

（二）太阳能电池的发电过程

太阳能电池的发电过程大致如下：

（1）光照射到太阳能电池表面；

（2）太阳能电池吸收一定能量的光子，激发出非平衡载流子（电子-空穴对）。这些电子-空穴对有足够的寿命，在它们被分离之前不会复合消失；

（3）光生载流子在太阳能电池内建电场的作用下，电子-空穴对被分离，从而产生与内建电场相反的光生电场，即光生电压；

（4）在太阳能电池两侧引出电极，接上负载，则在外电路中就会产生光生电流。

（三）CIS 基薄膜太阳能电池的制备方法

CIS 基薄膜太阳能电池光吸收层的制备至今已涉及各种技术，气相沉积技术主要包括蒸发法（单源蒸发、双源蒸发、三源蒸发、多步蒸发等）、溅射法（全溅射、反应溅射、溅射/蒸发混合沉积等）、硒化法（蒸发硒化、溅射硒化、电沉积硒化、印刷硒化等）、分子束外延、MOCVD、近空间气相输运等。其中，化学硒化法具有易于控制薄膜中各元素化学计量、成分分布和膜厚的优点，是目前产业开发中的首选工艺，但存在工艺复杂、成本相对较高、涉及大面积均匀性及使用有毒的气体硒源的污染问题。

硒化法：先在基底上生长 Cu、In 层，再在 Se 气氛中进行硒化，最终形成满足配比要求的 $CuInSe_2$ 多晶薄膜。该法对 Cu、In 的厚度按配比严格控制，成膜方法有蒸发、溅射和电沉积等。硒化过程中使用的原料有 $H_2Se + Ar$（或 H_2）气体和 $Se + H_2$ 固气混合体两种。H_2Se 气体有剧毒，因而以固态硒作硒源的硒化法被广泛采用，在此基础上，拓展的方法是 Cu + Se 和 In + Se 分别共蒸后再硒化。

硒化法中用磁控溅射法成膜更适合工业化生产，根据对溅射速率和时间的控制，可以比较可靠地调节各元素的化学配比，有利于提高重复性；薄膜的致密性高，附着力是蒸发膜的数倍；溅射沉积的薄膜均匀性较好，有益于制造大面积的 CIS 基薄膜太阳能电池；溅射靶材可连续使用较长时间，原料不用经常增添，生产效率较高；大面积磁控溅射成膜技术比较成熟，利于向工业界转移技术。

总之，硒化法是一种行之有效的方法，制备高质量的 CIS 薄膜是制备高效 CIS 基薄膜太阳能电池的保证，但整体效率的提高还须整体的配合及各环节的严格把关。玻璃基底的选择和衬底的制备是基础；在蒸 Cu 和 In 时保持少量 Se 的蒸发，并迅速升温至硒化温度是制备优质 CIS 薄膜的关键；窗口层和上电极也是获得高效电池不容忽视的部分。此外，刚制备出来的 CIS 基薄膜太阳能电池，经测试，其暗态 I–U 特性曲线基本是直线，开路电压 U_{OC} 很低，短路电流密度也很小。退火后器件表现出二极管特性，开路电压增长了几十倍，短路电流也有很大提高。由此表明，退火前异质结漏电严重，几乎没有结特性；而经过空气退火，减少了漏电，异质结才真正地建立起来，此时不但有二极管特性，而且开路电压和短路电流都得到了大幅度提高。

通过 XRD（X 射线衍射）测试显示，经过退火的 5 片电池，有 4 片出现 Cu_2O 峰值，而未经退火的 CIS 基薄膜太阳能电池，却没有 Cu_2O 峰值出现。这是由于 CIS 与 Cds 结区内的晶格缺陷及微空洞造成某些金属游离原子产生了短路，使得结区漏电严重，而空气退火使得这些金属原子被氧化而绝缘，减少了漏电，使得电池性能得到改善。CIGS 薄膜由于掺杂 Ga 元素，其结晶平整度和致密性都有很大改善，因此刚制备出来的 CIGS 电池的性能明显好于 CIS 电池。由此可见，薄膜材料的致密性是改善结特性的关键之一。

（四）影响 CIS 基薄膜太阳能电池光电转换效率的因素

（1）光学损失：由于光照射到电池板上，在正反两面发生反射、透射等现象，能量小于或大于半导体的禁带宽度的光子未被吸收。

（2）光激发电子 – 空穴对的复合：复合损失不但影响电流收集，而且影响正向偏压注入电流。复合经常按照它在电池中发生的区域分类。如在表面的复合称为表面复合，电池内部的复合称为体复合，体复合是电池的主要复合，在耗尽区的复合称为耗尽区复合。

（五）提高光电转换效率的措施

（1）光照面使用减反射膜，利用表面刻蚀减少反射，增加电池厚度以提高光吸收率。

（2）利用钝化技术减少表面缺陷从而降低表面复合，也可采用提高掺杂浓度降低表面复合。

四、实验内容及步骤

（一）制备 In_2S_3 薄膜

（1）将硫酸铟（0.025 mol/L，0.517 9 g）、硫代乙酰胺（0.25 mol/L，0.751 2 g）分别溶解于 40 mL 三次去离子水中，形成均质溶液。

（2）在室温下将两种溶液混合均匀，倒入干燥器中的自制聚四氟乙烯小槽，再将载玻片垂直插入溶液，并将干燥器密封。

（3）反应 72 h（48 h）后，取出载玻片，用三次去离子水冲洗载玻片表面，自然晾干后表征。改变 In_2S_3 的量，使前体溶液中 In、S 的比为 1∶4 和 1∶2，重复上述实验，研究不同 In、S 的比及反应时间对 In_2S_3 薄膜的影响。

（二）硒化 In_2S_3 薄膜

（1）将三水合硝酸铜（0.025 mol/L，0.241 6 g）完全溶解于 80 mL 三次去离子水中，形成均质溶液。

（2）将溶液倒入干燥器中的自制聚四氟乙烯小槽，待液面静止后，取 20 μL BSA 的氯仿溶液（浓度为 1 mol/L），均匀滴加在反应溶液表面，静置 20 min。

（3）将盛有 200 mL 氨水的烧杯放置在干燥器中，将干燥器密封。

（4）反应 24 h 后，采用垂直提拉法将气液界面上的产物转移到 In_2S_3 薄膜上，自然晾干后将薄膜在有氩气保护的管式炉中硫化退火，硫化的温度为 500 ℃，硫化的时间为 30 min。

（三）制备 CIS 基薄膜太阳能电池

首先采用磁控溅射的方法在玻璃衬底上淀积透明导电层 TCO，同时在 TCO 上淀积 P 型非晶硅薄膜；其次采用导电玻璃在 P 型非晶硅薄膜上淀积本征和 N 型非晶硅薄膜，采用磁控溅射的方法在 N 型非晶硅薄膜上淀积中间电极 TCO 透明导电薄膜，其中磁控溅射时掩模的窗口尺寸决定着 TCO 中间电极的尺寸；最后通过激光开通孔后，依次淀积 P 型非晶硅和金属背电极，即可形成 CIS 基薄膜太阳能电池。

五、思考题

（1）哪些性质会影响光吸收层性能？

（2）与其他太阳能电池比较，CIS 基薄膜太阳能电池光吸收层有哪些优势和局限性？

实验五　薄膜太阳能电池的表面光电压谱测试

表面光电压是固体表面的光伏效应，是光致电子跃迁的结果。以此为基础发展起来的光谱检测技术被应用于半导体材料的特征参数和表面特性研究，形成了表面光电压（SPV）技术或表面光电压谱。它是通过对材料光致表面电压的改变进行分析来获得相关信息的，以获得入射光波长与表面光电压的谱图，由此来确定表面态的能级，从而形成表面光电压谱这一新的研究测试手段，表面光电压技术是一种研究半导体特征参数的极佳途径。

一、实验目的

（1）了解表面光电压及表面光电压谱。
（2）掌握薄膜太阳能电池表面光电压谱的测试技术。

二、实验仪器

电池光电压测试仪（海瑞克SPV150）。

三、实验原理

（一）表面光电压的产生原理

当两个具有不同功函数的材料接触时，由于它们的化学势不同，在界面附近会发生相互作用，电子会从费米能级高的物体向费米能级低的物体转移。N型半导体的费米能级比金属的费米能级高，因此当两者接触时，半导体中的电子向金属运动，直至达到平衡状态，从而在半导体表面形成电子耗尽层，使得表面能带向上弯曲。相反P型半导体的费米能级比金属的费米能级低，当两者接触时，金属中的电子向半导体运动，直至达到平衡状态，从而在半导体表面形成空穴耗尽层，使得表面能带向下弯曲。能带弯曲意味着在半导体表面出现了势垒V_s，半导体表面带弯形成图如图3-5-1所示。

(a) N型   (b) P型

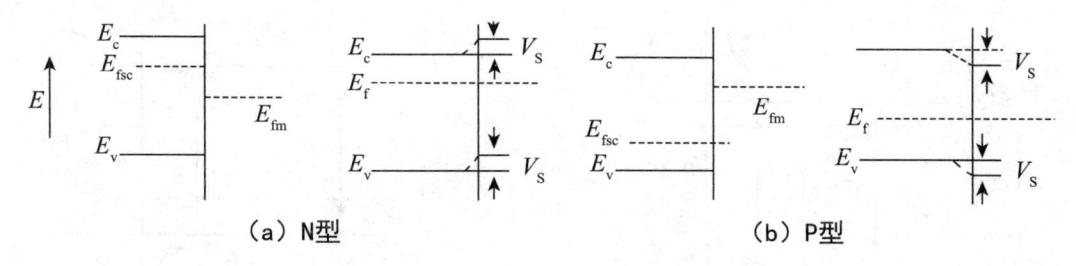

图 3-5-1　半导体表面带弯形成图

对于半导体的自由表面来说，周期结构的终止，使表面上形成了定域电子态能级，这些能级位于半导体带隙之中，常称为"本征表面态"。另外，表面吸附或表面杂质使半导体出现了"非本征表面态"。表面态的出现导致了表面与体内电荷的转移，从而在表面形成了称为空间电荷区（SCR）的非中性区，产生了内建电场，形成了表面势 V_s，造成了表面能带弯曲。图 3-5-2 是半导体空间电荷区及表面带弯示意图。

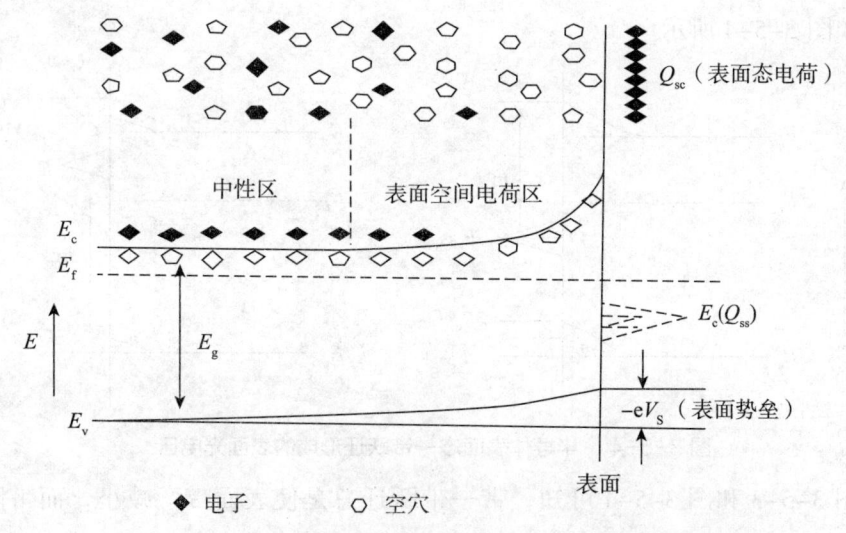

图 3-5-2　半导体空间电荷区及表面带弯示意图

根据电荷守恒定律，表面净电荷量 Q_{ss} 应等于空间电荷区的净电荷量 Q_{sc}。由于表面势垒 V_s 的大小主要取决于 Q_{ss} 或 Q_{sc}，它们在光的照射下可能会发生显著的变化，从而引起表面势垒的变化，而在无光和有光照射下表面势垒的变化量 ΔV_s 即表面光电压。在大于或等于禁带宽度 E_g 的光照射下，发生价带到导带的跃迁，在近表面产生电子－空穴对（称为光生载流子），从而形成自由载流子，它们在自建场的作用下发生了电荷转移和分离，导致电荷重新分布，引起 Q_{sc} 和 V_s 的变化，产生了表面光电压，半导体带—带跃迁形成的表面光电压如图 3-5-3 所示。

(a) N型　　　　　　　　　　　　　(b) P型

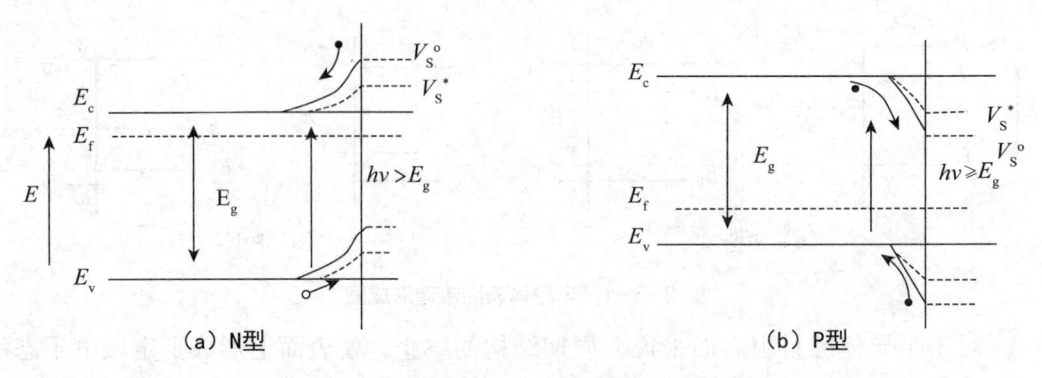

图 3-5-3　半导体带—带跃迁形成的表面光电压

由此可见，对于 N 型半导体，光生电子移向体相，光生空穴移向表面。P 型半导体则与之相反。在小于禁带宽度的光照射下，发生带隙态→导带或价带→带隙态的跃迁，释放俘获的载流子，形成自由电子或空穴，在自建场的作用下，引起表面电荷变化以及 V_s 的变化，产生光电压，半导体表面态—带跃迁形成的表面光电压如图 3-5-4 所示。

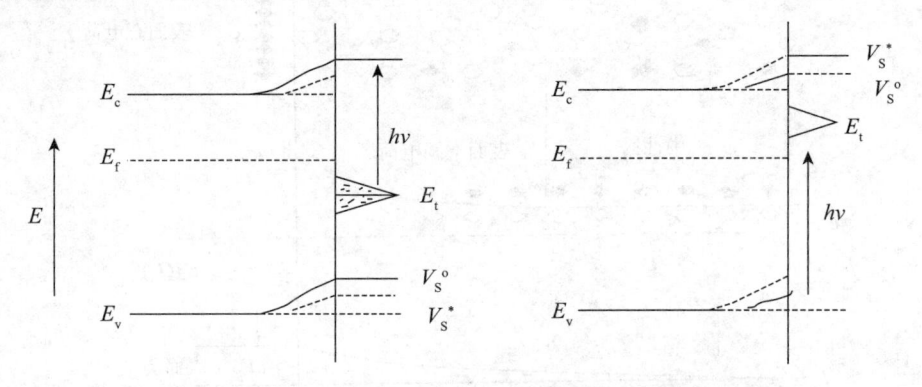

图 3-5-4　半导体表面态—带跃迁形成的表面光电压

由图 3-5-3 和图 3-5-4 可知，带—带跃迁总是使表面带弯减小，而带隙态—带的跃迁却有两种不同的情况（见图 3-5-4）。

（二）表面光电压谱的测量原理及方法

1. 测量原理

表面光电压谱与普通的透射光谱不同，它是作用光谱，利用调制光激发而产生光伏信号。因此，所检测的信号包括两方面信息：一是常见的光电压强度谱，它正比于样品的吸收光谱；二是相位角谱。

SPV 信号的实质是对样品施加在强度上正弦调制的光脉冲，将会导致一个相同频率调制的，而且是正弦波的表面电势的变化。影响表面电势值的是少数载流子平均扩散距离内的光生电子或空穴，即 V_{SPV} 在比少数载流子平均寿命更长的时间后才出现极值。因此，在入射光脉冲和 V_{SPV} 的极值之间有一个时间延迟，也即相位差。我们可以通过研究样品的 SPV 响应相位角来判断固体材料的导电类型、表面态得失电子性质和固体表面的酸碱性质。

2. SPV 技术的应用

SPV 技术是较灵敏的固体表面性质研究的方法之一，其特点是操作简单、再现性好、不污染样品、不破坏样品形貌，因此应用范围广泛。在 SPV 信息中，主要反映的是样品表（一般为几十纳米）的性质，因此可不受基底和本体的影响，这对于研究固体表面的改性、电极表面修饰、L-B 超薄膜、CVD 膜和外延膜都有着非常重要的意义。目前，SPV 技术主要应用于太阳能光电转换、表面科学、材料科学催化和光化学等方面的研究。

图 3-5-5 是 P 型单晶硅的光电压谱。对大多数半导体来说，在接近带隙能处吸收系数有一个很大的增加，相应的光电压也有一个显著的增加，据此，可以粗略地确定单晶硅的禁带宽度 E_g。由图可以看到，在激发光能量等于 1.1 eV 时，光电压明显增加，说明单晶硅的禁带宽度 E_g 为 1.1 eV。在低于 1.1 eV 光照下的光电压响应，说明存在表面态。

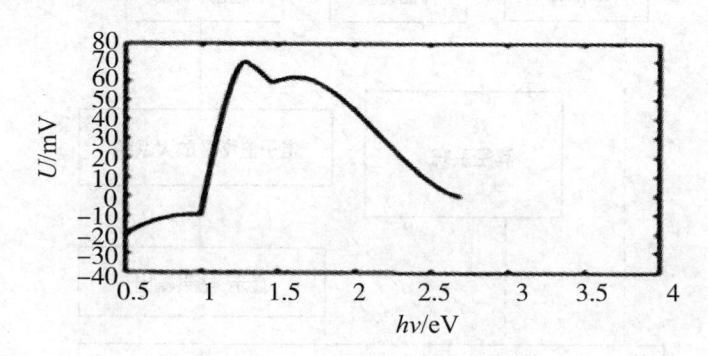

图 3-5-5 P 型半导体的光电压谱图

3. 光电压谱

光电压谱是通过电容耦合法测量开路光电压信号得到的，SPV 测试系统主要由光源、信号检测和微机数据处理三部分组成。表面光电压谱仪框图如图 3-5-6 所示。

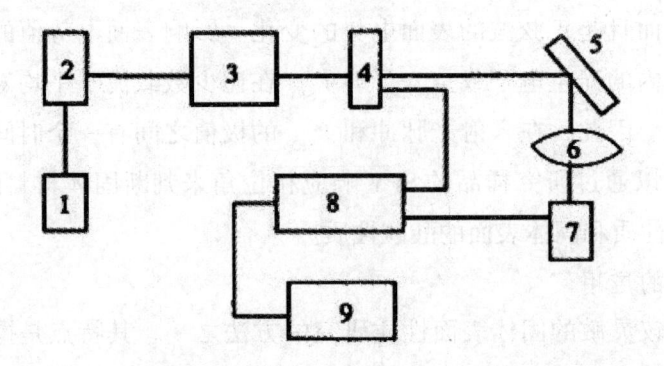

1—光源；2—单色仪；3—斩波器；4—反射镜；5—透镜；
6—光电压池；7—锁相放大器；8—微机处理系统；9—稳压电源。

图 3-5-6 表面光电压谱仪框图

四、电池光电压测试仪

图 3-5-7 是海瑞克 SPV150 型 XPS 仪器方框图，它主要分三部分：进样室、处理室、分析测试室。在处理室，可以对样品表面进行氩离子清洗。

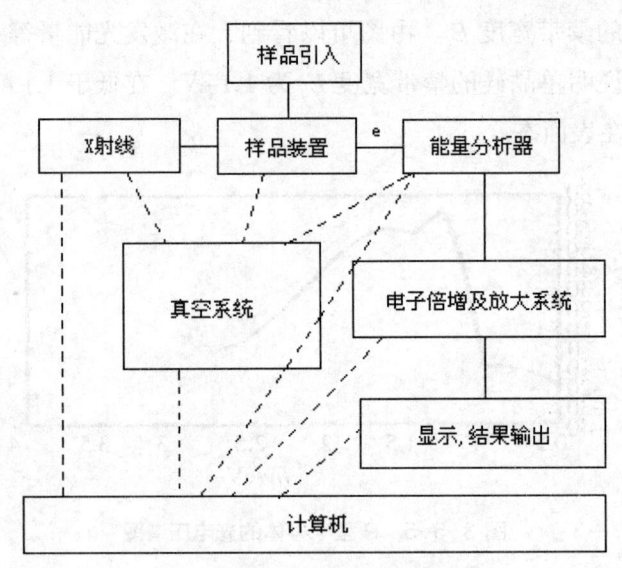

图 3-5-7 XPS 仪器方框图

本实验中，放好样品后其余的操作和设置都能在计算机上进行，大大方便了实验的进行以及缩短了实验时间。结合目前国际上通用的 XPS 能谱元素分析表，我们可以很快地在获得的光电子能谱图上标识元素、确定元素的化合价等。

五、实验内容及步骤

（1）了解海瑞克 SPV150 型 XPS 仪器及操作规程（认真阅读使用手册）。

（2）测试准备。

①放置样品（预先准备的测试电池样品）；

②抽真空（根据测试样品预设真空度）；

③测试在计算机上进行实验参数等的设置（包括仪器功函数、X 射线的选取）等。

（3）测量太阳能电池的光谱响应。

①打开系统，将太阳能电池样品放置在测试台上，移动接触探针，并确保探针与样品正面的电极线接触。

②打开控制软件，因为用户已经注册，通信端口等系统参数已经设置过并保存了，所以可以直接将系统各硬件连接。

③系统参数设置。在"设置"菜单下的"仪器控制"选项中，可以进行一些系统常用参数的设置，包括斩波器频率、偏置光光斑大小、偏置光或探测光的快门、样品架的位置和信号类型等。这里，采用了默认系统参数进行实验。

在测试中需要测量太阳能电池样品在波长 300～1 100 nm 范围内的响应及量子效率，在"运行参数设置"中，将"起始波长（nm）"和"终止波长（nm）"分别设为 300 和 1 100，其他参数保持默认。

④开始测量。在"运行"菜单中选择"QE 定标扫描"，系统将自动进行扫描测量。首先系统用某一波长的单色光照射待测太阳能电池样品，其次通过接触探针将样品产生的电信号传递给数据采集器，再次输入计算机进行处理，最后得到样品的内量子效率结果。

⑤数据图参考图 3-5-8。

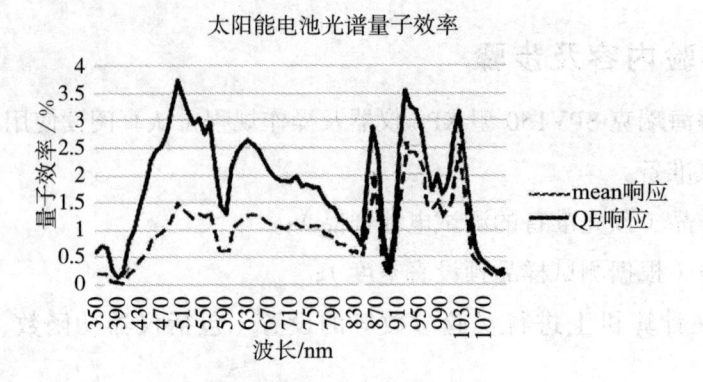

图 3-5-8　数据图示意图

六、思考题

（1）比较 XPS 和 AES 原理和分析方法上主要的特征。

（2）在 XPS 实验中，怎样区分谱图上的光电子峰和俄歇峰？

（3）为什么说 XPS 是一种表面分析方法？试再列举出 2 种表面分析方法，并做比较。

（4）解释 XPS 中的化学位移，并说明如何测定样品的化学位移。

实验六　薄膜太阳能电池的少子寿命测试

光生电子和空穴从在半导体中产生直到消失的时间称为寿命。在太阳能电池中，载流子的寿命决定了电子和空穴的稳定数量，这些数目决定了器件产生的电压，是影响电池转换效率的重要参数之一，也是电池制造过程中作为器件工艺控制的重要指标。因此，在太阳能电池的研究与生产中，准确测量电池材料少数载流子的寿命至关重要。

一、实验目的

（1）加深对少子寿命及其与样品其他物理参数关系的理解。
（2）掌握测量薄膜太阳能电池少子寿命的原理和方法。

二、实验仪器

少子寿命测试仪。

三、实验原理

（一）少子寿命

在太阳能电池中，载流子寿命主要是指非平衡载流子寿命。而非平衡载流子一般也就是非平衡少数载流子，因为只有少数载流子才能注入半导体内部，并积累起来，多数载流子注入后也就通过库仑作用很快地消失了，所以非平衡载流子寿命也就是指非平衡少数载流子寿命，即少数载流子寿命，简称少子寿命。

不同半导体中影响少子寿命长短的因素，主要是载流子的复合机理（直接复合、间接复合、表面复合、俄歇复合等）及与其相关的问题。对于 Si、Ge 等间接跃迁的半导体，因为导带底与价带顶不在布里渊区的同一点，故导带电子与价带空穴的直接复合比较困难（需要有声子等的帮助才能实现，因为要满足载流子复合的动量守恒），所以决定少子寿命的主要因素是通过复合中心的间接复合过程。即半导体中有害杂质和缺陷所造成的复合中心（种类和数量）对这些半导体少子寿命的影响极大。为了增加少子寿命，应该去除有害杂质和缺陷；相反，若要减少少子寿命，可以加入一些能够产生复合中心的杂质或缺陷（例如，掺入 Au、Pt，或者采用高能粒子束轰击等)。对于 GaAs 等直接跃迁的半导体,因为导带底与价带顶都在布里渊区的同一点,故决定少子寿命的主要因素就是导带电子与价带空穴的直接复合过程。因此,这种半导体的少子寿命一般都比较短。

对于主要是依靠少子输运(扩散为主)来工作的双极型半导体器件,少子寿命是直接影响器件性能的重要参量之一。衡量的参数之一是少子扩散长度 L(等于扩散系数与寿命乘积的平方根),即 L 表征少子一边扩散、一边复合所走过的平均距离。少子寿命越长,扩散长度就越大。

(二)少子寿命的测量

1. 测量原理

如果能量大于半导体禁带宽度的光照射样品,则在样品中激发产生非平衡电子和空穴。如果样品中没有明显的陷阱效应,那么非平衡电子(Δp)和空穴(Δn)的浓度相等,它们的寿命也相同。样品电导率的增加与少子浓度的关系为

$$\Delta\sigma = q\mu_P\Delta p + q\mu_N\Delta n \tag{3-6-1}$$

式中,q 为电子的电荷量;

μ_P 和 μ_N 分别为空穴和电子的迁移率。

若去掉光照,则少子密度将按指数规律衰减,即

$$\Delta p \propto e^{-\frac{t}{\tau}} \tag{3-6-2}$$

式中,τ 为少子寿命,表示光照消失后,非平衡少子在复合前平均存在的时间。

因此导致电导率的增加也按指数规律衰减,即

$$\Delta\sigma \propto e^{-\frac{t}{\tau}} \tag{3-6-3}$$

太阳能电池少子寿命测试仪正是根据这一原理工作的。

2. 测量方法

通常测量少子寿命的实验,包括非平衡载流子的注入和检测两个基本方面。较常用的注入方法是光注入和电注入,而检测非平衡载流子的途径有探测电导率的变化、探测微波反射或透射信号的变化等,它们分别组合就形成了许多寿命测试方法,有直流光电导衰退(PCD)法、高频光电导衰退法、表面光电压法、少子脉冲漂移法和微波光电导衰减(μ-PCD)法等。

少子寿命测量方法的选择,因非平衡载流子的注入方法以及半导体中少子浓

度、少子寿命值域不同而异。目前，较常用的是 μ-PCD 法，该方法既可以测各种掺杂类型的半导体材料，又可以测太阳能电池，具有无接触、无损伤、快速测试等优点。

3. μ-PCD 法

μ-PCD 法的测试原理是通过测试从样品表面反射的微波功率的时间变化曲线来记录光电导的衰减。大部分 μ-PCD 法使用脉冲光源在样品中产生过剩载流子，由于产生的过剩载流子使样品的电导发生变化，而入射的微波的反射率是材料电导的函数，即反射微波的能量变化也反映了过剩载流子浓度的变化。

μ-PCD 法测试系统示意图如图 3-6-1 所示，该系统包括微波源、微波探测器以及脉冲光源。

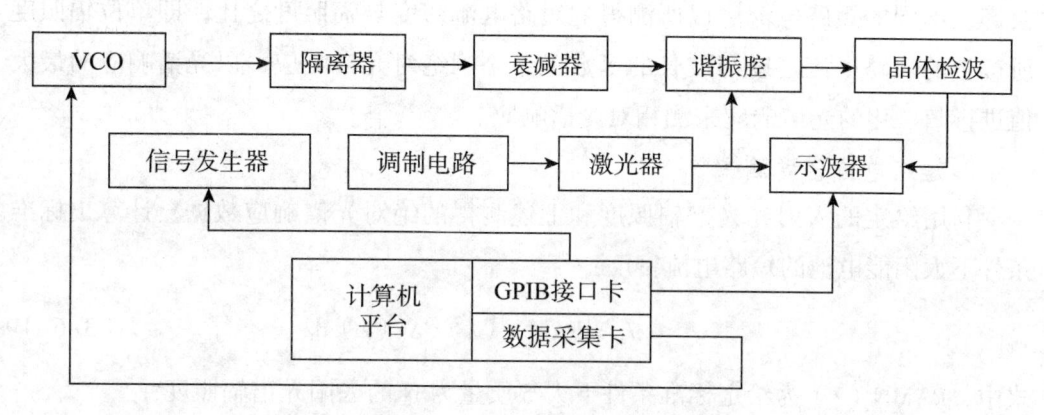

图 3-6-1　μ-PCD 法测试系统示意图

脉冲激光作为硅片的注入光源，可在半导体材料中激发过剩载流子；微波源给出探测信号，检测半导体材料的光电导，微波经硅片反射后进入检波器和放大电路。当光照结束后，随着过剩载流子的逐渐衰减，微波的反射也越来越弱；通过分析反射微波曲线的指数因子，可求得测试样品中的有效少子寿命。

（三）少子寿命测试仪

少子寿命测试仪实物图如图 3-6-2 所示，它由高频光导测量仪和短路电流密度测试仪组成。

图 3-6-2　少子寿命测试仪实物图

1. 脉冲激光注入光源及光谱响应测试

用不同波长的单色光分别照射太阳能电池时，由于光子能量不同以及太阳能电池对光的反射、吸收、光生载流子的收集效率等因素，在辐照度相同的条件下会产生不同的短路电流。以所测得的短路电流密度与辐照度之比，即单位辐照度所产生的短路电流密度与波长的函数关系来测绝对光谱响应；以光谱响应的最大值进行归一化的光谱响应来测相对光谱响应。

2. 短路电流密度测试

利用给定的入射光光谱辐照度和上述测得的绝对光谱响应数据，计算出标准条件下太阳能电池的短路电流密度：

$$J_{SC}=\int PAMN(\lambda) \cdot S_a(\lambda) d\lambda \quad (3-6-4)$$

式中，PAMN(λ)为给定标准条件下大气质量为 N 的太阳光谱辐照度；

$S_a(\lambda)$为太阳能电池的绝对光谱响应。

偏置光对光谱响应的影响程度随太阳能电池的类型不同而不同。经过实验证明偏置光对光谱响应没有明显影响的太阳能电池，测量时可以不加偏置光。

3. 高频光电导测量

图 3-6-3 是高频光电导测量装置示意图。高频源提供的高频电流流经被测样品，当红外光源的脉冲光照射样品时，单晶体内产生的非平衡光生载流子使样品产生附加光电导，从而导致样品电阻减小。由于高频源为恒压输出，因此流经样品的高频电流幅值增加 ΔI。光照消失后，ΔI 逐渐衰减，其衰减速度取决于光生载流子在晶体内存在的平均时间，即寿命。

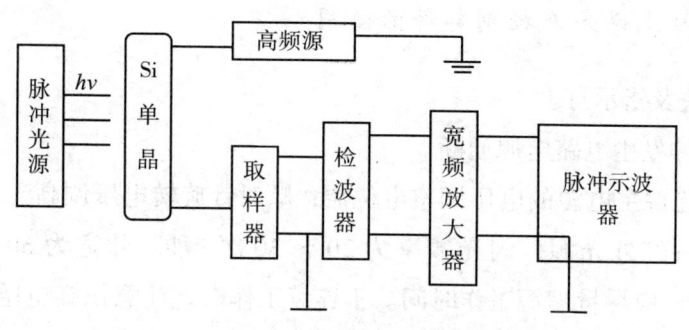

图 3-6-3　高频光电导测量装置示意图

在小注入条件下，当光照区复合为主要因素时，ΔI 将按指数规律衰减，此时取样器上产生的电压变化 ΔU 也按同样的规律变化，即

$$\Delta U = \Delta U_0 e^{-\frac{t}{\tau}} \quad (3\text{-}6\text{-}5)$$

此调幅高频信号经检波器解调和高频滤波，再经宽频放大器放大后输入脉冲示波器，在示波器上可显示如图 3-6-4 所示的指数衰减曲线，由该曲线就可以获得寿命值。

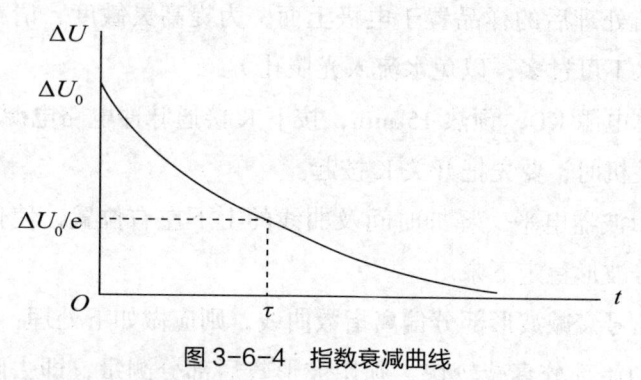

图 3-6-4　指数衰减曲线

四、仪器的使用

本实验使用 LT-2 型单晶少子寿命测试仪测量 Si 单晶的少子寿命，图 3-6-5 为测试仪面板示意图。

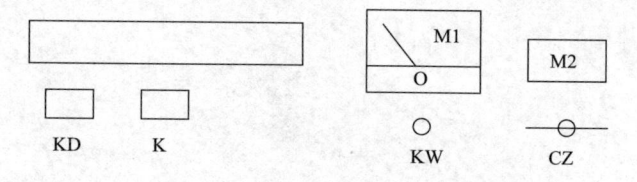

图 3-6-5　LT-2 型单晶少子寿命测试仪面板示意图

（一）面板上仪表及控制部件的使用

KD：开关及指示灯。

K：制脉冲发生电路电源通断。

KW：外光源主电源的电压调整电位器，顺时针旋转电压调高。注意：光源为F71型 1.09 μm 红外光源，闪光频率为 20～30 次/秒，脉宽为 60 μs。若在 7 V以上电压使用，应尽量缩短工作时间。不连续工作时，注意把旋钮逆时针旋到底。

CZ：信号输出高频插座，用高频电缆将此插座输出的信号送至示波器观察。

M1：红外光源主电源电压表，指示红外发光管工作电压大小。

M2：磁环取样检波电压表，指示输出信号大小。

（二）操作程序

（1）接上电源线，并用高频连接线将 CZ 与示波器 Y 输入端接通，开启示波器。

（2）将清洁处理后的样品置于电极上面，为提高灵敏度，请在电极上涂抹一点自来水（涂水不可过多，以免水流入光照孔）。

（3）开启总电源 KD，预热 15 min，按下 K 接通脉冲电路电源，旋转 KW，适当调高电压。关机时，要先把开关 K 按起。

（4）调整示波器电平、释抑时间及曲线的上下左右位置，使仪器输出的指数衰减光电导信号波形稳定下来。

若光电导信号衰减波形部分偏离指数曲线，则应做如下处理：

①若波形初始部分衰减较快，则用波形较后部分测量，即去除表面复合引起的高次模部分读数[图 3-6-6（a）]。

②若波形头部出现平顶现象，说明信号太强[图 3-6-6（b）]，应减弱光强，在小信号下进行测量。

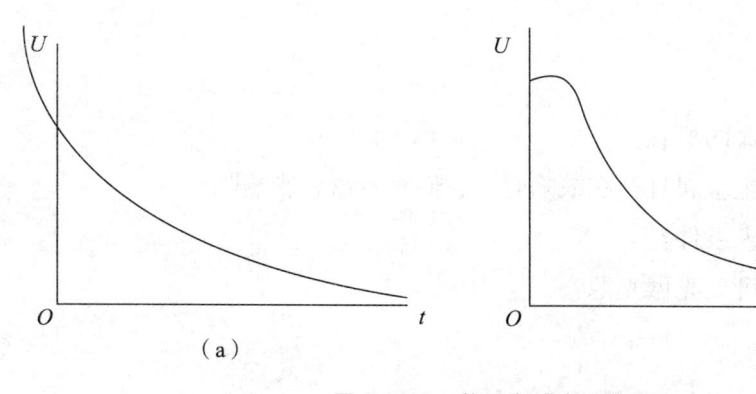

图 3-6-6　信号衰减波形关系图

③为保证测量的准确性，满足小注入条件，在可读数的前提下，示波器尽量使用大的倍率，光源电压尽量调小。

注意：由于红外发光管价格昂贵，停止使用后，应立即切断电源，逆时针将光强调节电位器 KW 调到底，再关掉开关 K。

五、实验内容

（1）测试 Si 材料在光照下的 ΔU-t 曲线。

（2）在 LT-2 型单晶少子寿命测试仪上读取 3 组寿命值，给出 Si 材料的寿命。

（3）示波器上寿命值的读取。由于表面复合及光照不均匀等因素的影响，衰减曲线在开始的一小部分可能没有呈现指数衰减，这时应按本实验第四部分（仪器的使用）中的相关要求去做，取指数衰减部分读数。

示波器荧光屏示意图如图 3-6-7 所示，设示波器荧光屏上最大信号为 n 格（每格边长为 1 cm），在衰减曲线上获得纵坐标为 $\frac{n}{e} \approx \frac{n}{2.718} \approx 1.47$ 格对应的 x 值（横坐标 2.4 格）。若水平扫描时间为 t，则寿命 $\tau =$ 横坐标（格数）$\times t$。

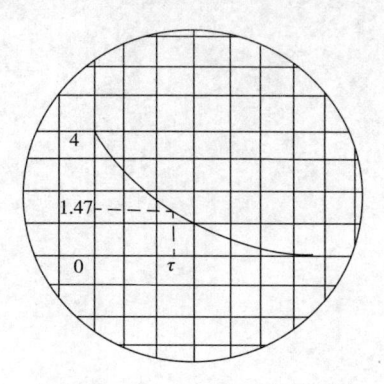

图 3-6-7　示波器荧光屏示意图

六、思考题

（1）简述少子寿命的概念。

（2）当样品含有重金属且存在缺陷时，它们对寿命有影响吗？

（3）什么是小注入条件？

（4）是否能选择可见光做光源？

第四章　电池材料的制备
（设计性实验）

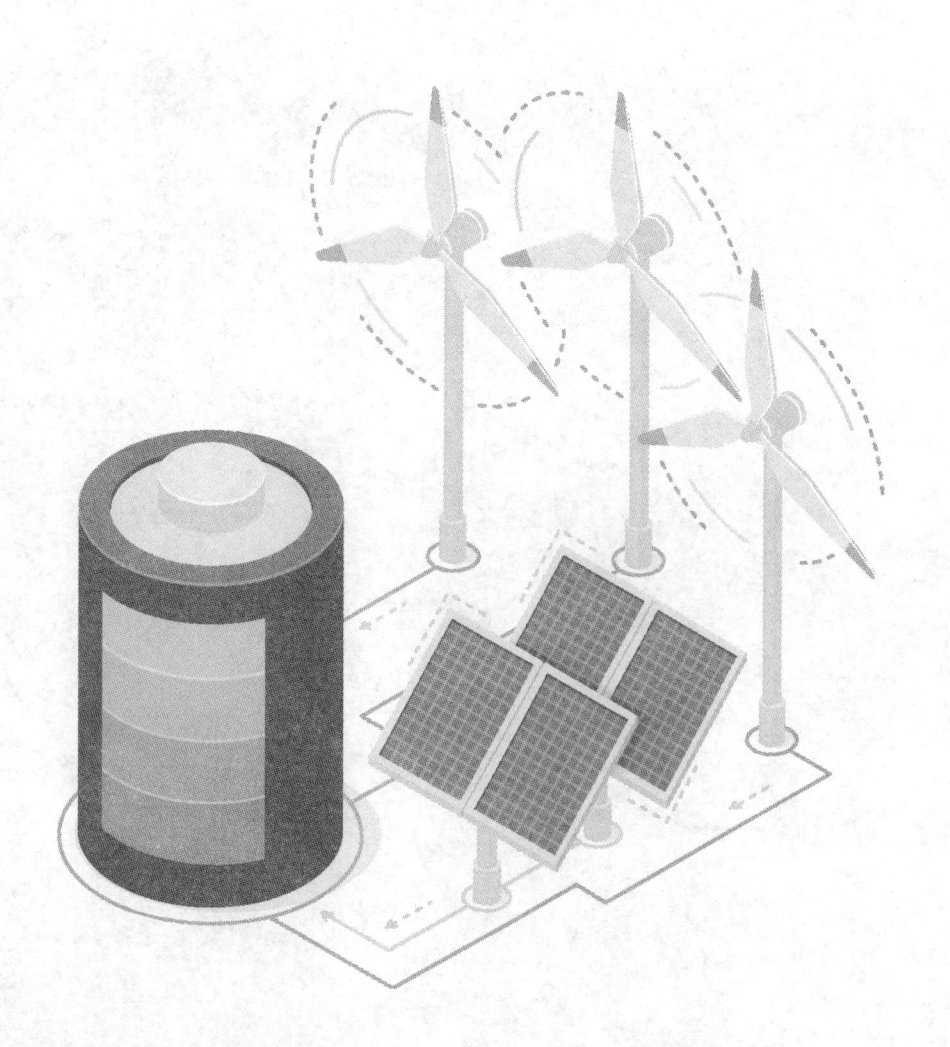

实验一　高能球磨法制备纳米硅粉

一、实验目的

（1）掌握高能球磨法制备纳米硅粉的原理及过程。

（2）探究极性溶剂与非极性溶剂作为过程控制剂对球磨法制备的纳米硅粉的化学组成、粒度、微观形貌、分散性、物相组成的影响。

二、实验仪器与材料及试剂

（1）实验仪器：HLXPM-Φ100X4 行星式四筒球磨机、玛瑙球磨罐（500 mL）。

（2）实验材料及试剂：硅粉（粒度 20 μm，纯度≥98%）、去离子水、无水乙醇、正己烷。

三、实验原理

（一）行星式球磨机的工作原理

全方位行星式四筒球磨机实物图如图 4-1-1 所示。在同一转盘上装有四个球磨罐，当转盘转动时，球磨罐在绕转盘轴公转的同时又围绕自身轴心自转，做行星式运动。主盘又做 360° 旋转，罐中磨球在高速运动中相互碰撞，研磨和混合样品。可用干、湿两种方法研磨和混合粒度不同、材料各异的产品，研磨产品最小粒度可至 0.1 μm（1.0×10^{-4} mm）。

图 4-1-1　全方位行星式四筒球磨机实物图

工作方式：两个或四个球磨罐同时工作；

最大装样量：球磨罐容积的 2/3；

进料粒度：土壤料≤10 mm，其他料≤3 mm；

出料粒度：最小可达 0.1 μm（1.0×10^{-4} mm）。

（二）颗粒的细化过程分析

在球磨法制备纳米颗粒时，颗粒的细化受到断裂和冷焊这两个过程的控制。如在球磨硅粉时，随着硅颗粒细化到纳米级别时，比表面积增大，大量新鲜面的产生加剧了颗粒之间的冷焊过程，形成粒径较大的团聚体，破坏了纳米硅颗粒的脱嵌锂时的形变应力。过程控制剂可以有效缓解球磨时颗粒细化过程中因冷焊所造成的黏球、黏罐以团聚等现象。同时，对颗粒进行原位表面改性，从而降低颗粒的表面能及与球磨体之间的界面能，提高纳米粉体的分散性。

过程控制剂在球磨过程中的机理十分复杂，目前较为合理的作用机理主要为"吸附降低硬度"，吸附在颗粒表面的过程控制剂可以有效降低其表面能或在颗粒近表面层导致其产生晶格位错迁移，使其产生点或线缺陷，从而降低颗粒强度与硬度。如果过程控制剂渗透到颗粒的裂纹之中，就能起到隔绝作用，阻止裂纹闭合，促进裂纹延展，使颗粒更易细化。

四、实验内容及步骤

（一）行星式四筒球磨机操作流程

操作流程：配球→装料→装罐→启动→变频器参数设置→磨料→停机→卸罐→清理设备→关闭电源。

1. 配球

将若干个规格的研磨球按实验比例搭配好，参考数据：破碎实验大、中、小按 20%、30%、50% 的占比；研磨实验大、中、小按 10%、30%、60% 的占比。大球的主要作用是砸碎粗磨料，小球则用于磨细及研磨，使磨料磨到要求的细度。湿球磨时若加进一些不妨碍实验样品性质的胶体、液体及其他辅料，可比干球磨获得更细的实验样品（微粒）。

2. 装料

将实验材料按罐体溶剂的 1/3 装入，实验样品进料粒度不超过 3 mm，土壤不超过 10 mm，装料量为罐体体积的 1/3，装球量为罐体体积的 1/3，另 1/3 为研磨空间，因此装球料总量不可超出 2/3。

3. 装罐

将装好研磨球及料的罐安装至设备球磨罐套筒内，装上V形卡座，锁紧卡座紧固装置（此步极为重要，务必要锁紧），必须采用套杆扳手配套来加固卡座，确保运行过程中设备及实验人员的安全。

（1）非真空罐的安装。将密封圈套在盖子上，盖紧前，注意罐口处是否有球或者粉体洒落在此处，确保无误后将盖子与罐体完全接触密封。

（2）真空罐的安装。真空罐上方会有1个或2个阀门，单个阀门的用于抽气与进气，两个阀门的一个阀门用于抽真空，另一个阀门用于通惰性气体。球磨罐必须对称安装，禁止单罐或三罐运行，两对立球磨罐双方比重±100 g，球磨罐必须放置于球磨罐套筒中心点，不可偏离，否则高速运转时V形卡座无法固定住球磨罐。8 L以上机型，球磨罐底有6位定位孔，必须逐一对准以免球磨罐脱离套筒甩出发生安全事故。

4. 启动

插上电源→开启安全开关→打开紧急停止按钮→按下启动开关→调节变频器旋钮至实验要求的转速，屏幕显示为行星公转转速。

5. 变频器参数设置

变频器参数设置，即球磨机转速、研磨时间设置，可根据研磨材料颗粒度要求设定。

6. 磨料

转动面板上的"全方位旋钮"调整转速。注意：行星转采用破碎转速（额定转速的80%以上），在原材料进料处于颗粒状时建议前5 min用高速（额定转速的80%以上），研磨转速建议用中速（额定转速的60%～70%），混料转速建议用低速（额定转速的40%～60%）。

7. 停机

按下"停止"键，待行星主盘完全停止即为结束。

8. 卸罐

打开V形卡座（自锁型的打开齿轮扣，逆时针打开；螺母型的采用扳手逆时针打开），卸下V形卡座，取出球磨罐。注意：长时间研磨罐体温度较高，干磨防止烫伤，湿磨防止内部气压过大而喷出液体烫伤实验人员。

9. 关闭电源，清理设备

每次使用后要马上清理机子上洒落的粉体或者液体，行星主盘必须清理干净，以免粉体进入行星主盘损坏内部的齿轮与轴承。

（二）高能球磨法制备纳米硅粉

（1）将粒径分别为 10 mm、5 mm、1 mm、0.2 mm 的氧化锆磨球按 1∶1∶10∶20 的质量比称取 150 g。

（2）硅粉与磨球按质量比 1∶50 放入玛瑙球磨罐中。

（3）分别加入去离子水、无水乙醇、正己烷各 9 mL，密封完成后，放入 HLXPM-Φ100X4 行星式四筒球磨机中。

（4）调节转速为 300 r/min，球磨 48 h 后得到纳米硅粉。

五、实验数据整理及结果分析

（1）原始粉体形貌表征。

（2）球磨产物的红外表征。

（3）球磨产物的粒度及物相分析。

六、注意事项

（1）球磨机在运行过程中若出现异常响声应立即关机，停机后检查球磨罐有无松动，重新拧紧后再开机。

（2）球磨时由于磨球之间、磨球与磨罐之间互相撞击，长时间球磨后罐内的温度和压力都很高，球磨完毕，须冷却后再拆卸，以免磨粉被高压喷出。某些金属粉末球磨后颗粒极细，而且罐内几近真空状态，若猛然打开罐盖倒出磨料，会激烈氧化而燃烧。所以活泼金属粉末球磨后，必须充分冷却后缓缓打开，稍等再倒出磨料。在真空手套箱内出料效果更好。

（3）当罐盖磨出球槽时，说明使用转速偏高，应降速。转速高，效率不一定高。开始研磨时，转速可高一些（起砸碎磨料的作用），研磨一段时间后（一般不超过 2 min），转速可降低一些，这样球磨效率更高。球磨效率的高低取决于配球（大、小、多、少），实验样品性质及颗粒大小、质量、转速、运行方式是否搭配得当。为提高研磨效率与延长球磨机使用寿命，不需要也不应该将转速调得太高。

七、思考题

（1）如何选择、配置行星式球磨机的球磨罐、磨球？

（2）如何设置行星式球磨机的变频参数？

实验二　沉淀法制备纳米氧化锌粉体

一、实验目的

（1）了解沉淀法制备纳米粉体的实验原理。
（2）掌握沉淀法制备纳米氧化锌的化学反应原理和过程。
（3）了解反应条件对实验产物形貌的影响，并会对实验产物进行表征分析。

二、实验仪器与试剂

（1）实验仪器：恒温水浴、磁力搅拌器、离心机、温度计、烧杯、烧瓶、电子天平。
（2）实验试剂：硝酸锌、氢氧化钠、蒸馏水、乙醇。

三、实验原理

近年来，低维纳米材料由于具有新颖的性质而得到广泛应用。氧化锌是一种重要的宽带隙（3.37 eV）半导体氧化物，应用于纳米发电机、紫外激光器、传感器和燃料电池等。通常的制备方法有蒸发法、液相法。根据制备过程的不同，液相法又可分为以下几种：沉淀法、水热法、溶胶－凝胶法、水解法、电解法、氧化法、还原法、喷雾法、冻结干燥法。本实验主要讨论沉淀法。

沉淀法是指包含一种或多种离子的可溶性盐溶液，当加入沉淀剂（如 OH^-，CO_3^{2-} 等）后，在一定温度下使溶液发生水解，形成不溶性的氢氧化物、氧化物或盐类从溶液中析出，并将溶剂和溶液中原有的阴离子洗去，得到所需的化合物粉料。

均匀沉淀法是利用化学反应使溶液中的构晶离子由溶液中缓慢均匀地释放出来。加入的沉淀剂不是立即在溶液中发生沉淀反应，而是通过沉淀剂在加热的情况下缓慢水解，在溶液中均匀地反应。

纳米颗粒在液相中的形成和析出分为两个过程，一个是核的形成过程，称为成核过程；另一个是核的长大过程，称为生长过程。这两个过程的控制对于产物的晶相、尺寸和形貌是非常重要的。

制备氧化锌常用的原料是可溶性的锌盐，如硝酸锌、氯化锌、醋酸锌。常用的沉淀剂有氢氧化钠、氨水、尿素。在一般情况下，锌盐在碱性条件下只能生成 $Zn(OH)_2$ 沉淀，不能得到氧化锌晶体，要得到氧化锌晶体通常需要进行高温煅烧。均匀沉淀法通常将尿素作为沉淀剂，通过尿素分解反应在反应过程中产生氨水，它与锌离子反应产生沉淀。反应如下：

$$CO(NH_2)_2 + 3H_2O \longrightarrow CO_2 + 2NH_3 \cdot H_2O \qquad (4-2-1)$$

OH^- 的生成：

$$NH_3 \cdot H_2O \longrightarrow NH_4^+ + OH^- \qquad (4-2-2)$$

CO_3^{2-} 的生成：

$$2NH_3 \cdot H_2O + CO_2 \longrightarrow 2NH_4^+ + CO_3^{2-} + H_2O \qquad (4-2-3)$$

形成前驱物碱式碳酸锌的反应：

$$3Zn^{2+} + CO_3^{2-} + 4OH^- + H_2O \longrightarrow ZnCO_3 \cdot 2Zn(OH)_2 \cdot H_2O \downarrow \qquad (4-2-4)$$

热处理后得产物 ZnO 的反应：

$$ZnCO_3 \cdot 2Zn(OH)_2 \cdot H_2O \longrightarrow 3ZnO + CO_2 \uparrow + 3H_2O \qquad (4-2-5)$$

本实验通过硝酸锌和氢氧化钠之间反应得到的 $Zn(OH)_4^{2-}$ 进行热分解反应制备纳米氧化锌晶体。用氢氧化钠做沉淀剂，通过一步法直接制备纳米氧化锌晶体的反应如下：

$$Zn^{2+} + 2OH^- \longrightarrow Zn(OH)_2 \downarrow \qquad (4-2-6)$$

$$Zn(OH)_2 + 2OH^- \longrightarrow Zn(OH)_4^{2-} \qquad (4-2-7)$$

$$Zn(OH)_4^{2-} \longrightarrow ZnO \downarrow + H_2O + 2OH^- \qquad (4-2-8)$$

该实验过程简单，不需要煅烧处理就可以得到纳米氧化锌晶体，而且可以通过调控 Zn^{2+}/OH^- 的摩尔比控制氧化锌纳米材料的形貌。

四、实验内容及步骤

（一）用氢氧化钠作沉淀剂

1. 制备柱状结构纳米材料（Zn^{2+} 与 OH^- 的摩尔比为 1∶20）

（1）在室温下，在烧杯中称取 0.3 g 硝酸锌（0.001 mol），然后加入 40 mL 蒸馏水，搅拌 5 min 配成无色澄清的溶液。

（2）在室温下，在烧杯中称取 0.8 g 氢氧化钠（0.02 mol），然后加入 40 mL 蒸馏水，搅拌 5 min 配成无色澄清的溶液。

（3）在室温下，将硝酸锌溶液快速滴加到氢氧化钠溶液中，磁力搅拌 5 min 得到无色透明溶液。

（4）将透明溶液转移到 150 mL 烧瓶中，在 80 ℃ 的水浴中反应 2 h。观察实验现象，并记录时间。

（5）将产生的白色沉淀物分别用水和酒精洗涤 3 次，进行离心分离后，放入烘箱，在 60 ℃ 条件下干燥 10 h 后得到粉体。

2.制备纳米片（Zn^{2+} 与 OH^- 的摩尔比为 1∶4）

（1）在室温下，在烧杯中称取 1.5 g 硝酸锌（0.005 mol），然后加入 40 mL 蒸馏水，搅拌 5 min 配成无色澄清的溶液。

（2）在室温下，在烧杯中称取 0.8 g 氢氧化钠（0.02 mol），然后加入 40 mL 蒸馏水，搅拌 5 min 配成无色澄清的溶液。

（3）在室温下，将硝酸锌溶液快速滴加到氢氧化钠溶液中，磁力搅拌得到白色的悬浊溶液。

（4）将悬浊溶液转移到 150 mL 烧瓶中，在 80 ℃ 的水浴中反应 2 h。

（5）将白色沉淀物分别用水和酒精洗涤 3 次，进行离心分离后，放入烘箱，在 60 ℃ 条件下干燥 10 h 后得到粉体。

（二）用尿素作沉淀剂

（1）在室温下，在烧杯中称取 3.0 g 硝酸锌（0.001 mol），然后加入 40 mL 蒸馏水，搅拌 5 min 配成无色澄清的溶液。

（2）用蒸馏水配制 40 mL 尿素（1.8 g）溶液，尿素与硝酸锌的摩尔比为 3∶1。

（3）将尿素溶液倒入烧瓶，与硝酸锌溶液混合均匀。

（4）将混合后的溶液在 90～100 ℃ 条件下加热反应 3 h。

（5）将反应所得沉淀过滤、洗涤（用蒸馏水洗涤）。

（6）将洗涤后的滤饼放入 80 ℃ 的烘箱内干燥，得前驱物碱式碳酸锌，呈白色粉末状。

（7）将前驱物放入马弗炉内，在 450 ℃ 条件下煅烧 2 h，即得纳米氧化锌粉体。

（三）样品表征

（1）XRD 表征图。

（2）SEM 表征图。

五、思考题

（1）氢氧化钠与锌盐的浓度比及反应时间、反应温度对产物有何影响？

（2）为什么实验反应产物能够直接得到氧化锌晶体而不是氢氧化锌？

实验三 溶胶-凝胶法制备纳米二氧化钛粉体

一、实验目的

（1）了解溶胶-凝胶法及其在制备纳米级半导体材料二氧化钛粉体上的应用。

（2）掌握溶胶-凝胶法制备纳米二氧化钛粉体的原理与过程。

二、实验仪器与药剂

（1）实验仪器：恒温磁力搅拌器、搅拌子、三口瓶（250 mL）、恒压漏斗（50 mL）、量筒（10 mL、50 mL）、烧杯（100 mL）。

（2）实验药剂：钛酸四丁酯（分析纯）、无水乙醇（分析纯）、冰醋酸（分析纯）、盐酸（分析纯）、蒸馏水。

三、实验原理

纳米二氧化钛具有许多独特的性质，比表面积大、表面张力大、熔点低、磁性强、光吸收性能好（特别是吸收紫外线的能力强）、表面活性大、热导性能好、分散性好等。基于上述特点，纳米二氧化钛具有广阔的应用前景。如何开发、应用纳米二氧化钛，已成为各国材料学领域的重要研究课题之一。目前合成纳米二氧化钛粉体的方法主要有液相法和气相法。由于传统的方法不能或难以制备纳米二氧化钛，而溶胶-凝胶法则可以在低温下制备高纯度、粒径分布均匀、化学活性大的单组分或多组分分子级纳米催化剂，因此，本实验采用溶胶-凝胶法来制备纳米二氧化钛光催化剂。

制备溶胶所用的原料为钛酸四丁酯、水、无水乙醇以及冰醋酸。其中，反应物为钛酸四丁酯和水，分相介质为无水乙醇，冰醋酸可调节体系的酸度防止钛离子水解过速。钛酸四丁酯在无水乙醇中水解生成氢氧化钛，脱水后即可获得二氧化钛。在后续的热处理过程中，只要控制适当的温度条件和反应时间，就可以获得金红石型和锐钛型二氧化钛。

钛酸四丁酯在酸性条件下，在无水乙醇介质中水解反应是分步进行的，总水解反应表示为式（4-3-1），水解产物为含钛离子溶胶。

$$\text{Ti}(\text{O}-\text{C}_4\text{H}_9)_4 + 4\text{H}_2\text{O} \longrightarrow \text{Ti}(\text{OH})_4 + 4\text{C}_4\text{H}_9\text{OH} \qquad (4-3-1)$$

一般认为，在含钛离子溶液中钛离子通常与其他离子相互作用形成复杂的网状基团。上述溶胶体系静置一段时间后，由于发生胶凝作用，最后形成稳定凝胶。

四、实验内容及步骤

（1）量取 10 mL 钛酸四丁酯，缓慢滴入 35 mL 无水乙醇中，用磁力搅拌器强力搅拌 10～30 min，混合均匀，形成黄色澄清溶液 A。

（2）将 4 mL 冰醋酸和 10 mL 蒸馏水加到另外 35 mL 无水乙醇中，剧烈搅拌，得到溶液 B，滴入 1～2 滴盐酸，调节 pH，使 2 ≤ pH ≤ 3。

（3）在室温水浴下，在剧烈搅拌下将已移入恒压漏斗中的溶液 A 缓慢滴入溶液 B 中，滴速大约是 60～80 滴/分（不能太快），滴加完毕后得浅黄色溶液。同时利用恒温磁力搅拌器进行剧烈搅拌，使钛酸四丁酯水解，其实验装置如图 4-3-1 所示。继续搅拌 30 min 后，经 40 ℃水浴加热，连续搅拌约 2～3 h，得到凝胶（倾斜烧瓶凝胶不流动）。

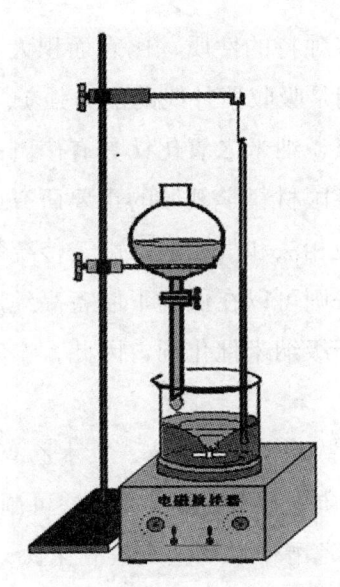

图 4-3-1　溶胶－凝胶法制备纳米二氧化钛实验装置示意图

（4）将所得凝胶在 80 ℃条件下烘干约 20 h，研磨得到淡黄色粉末。在不同的温度下（300 ℃、400 ℃、500 ℃、600 ℃）热处理 2 h，得到不同的二氧化钛粉体。

五、数据记录与处理

（1）X射线衍射（XRD）谱图。XRD技术所能解决的问题是根据谱图中衍射峰的宽度定性判断所检测物质（粉末或薄膜）的粒径大小，因为同种晶体的粒径大小与其衍射峰的宽度成反比关系。将经300 ℃、400 ℃、500 ℃、600 ℃热处理得到的纳米二氧化钛粉体进行XRD特性表征。

（2）透射电镜（TEM）表征。

六、思考题

（1）为什么所有的仪器必须干燥？
（2）加入冰醋酸的作用是什么？
（3）为何本实验中将钛酸四丁酯作为前驱物，而不将四氯化钛作为前驱物？

实验四　气相沉积法制备石墨烯

一、实验目的

（1）了解气相沉积法制备石墨烯的实验原理。
（2）掌握气相沉积法制备石墨烯的过程。

二、实验仪器与材料及试剂

（1）实验仪器：鼓风干燥箱、CVD 管式炉。
（2）实验材料及试剂：铜箔、聚甲基丙烯酸甲酯、丙酮、氯化铁、过硫酸铵溶液、苯甲醚、甲烷（99.999%）、氮气（99.9%）、去离子水（自制）。

三、实验原理

（一）石墨烯

石墨烯是一种以 sp^2 杂化连接的碳原子紧密堆积成单层二维蜂窝状晶格结构的新材料。石墨烯具有优异的光学、电学、力学特性，在材料学、微纳加工、能源、生物医学和药物传递等方面具有重要的应用前景，被认为是一种未来革命性的材料。英国曼彻斯特大学物理学家安德烈·海姆和康斯坦丁·诺沃肖洛夫，用微机械剥离法成功从石墨中分离出石墨烯，因此共同获得 2010 年诺贝尔物理学奖。石墨烯常见的粉体生产的方法为机械剥离法、氧化还原法、SiC 外延生长法，薄膜生产方法为化学气相沉积（CVD）法。

（二）气相沉积法

化学气相沉积（CVD）法简称气相沉积法，是指化学气体或蒸汽在基质表面反应合成涂层或纳米材料的方法。即两种或两种以上的气态原材料导入反应室内，然后它们相互之间发生化学反应，形成一种新的材料，沉积到晶片表面上。

气相沉积经历了混合气体间发生化学反应和在基片的沉积过程，与反应室内的压力、基片的温度、气体的流动速率、气体通过基片的路程、气体的化学成分、一种气体相对于另一种气体的比率、反应的中间产品起的作用以及是否需要其他反应室外的外部能量来源加速或诱发想得到的反应等因素有关。

CVD技术常常通过反应类型或者压力来分类，包括低压CVD（LPCVD）、常压CVD（APCVD）、亚常压CVD（SACVD）、超高真空CVD（UHCVD）、等离子体增强CVD（PECVD）、高密度等离子体CVD（HDPCVD）以及快热CVD（RTCVD）。还有金属有机物CVD（MOCVD），根据金属源的自特性来保证它的分类，这些金属的典型状态是液态，在导入容器之前必须先将它气化。不过，容易引起混淆的是，有些人会把MOCVD认为是有机金属CVD（OMCVD）。

（三）气相沉积法制备石墨烯

气相沉积法制备石墨烯，是以甲烷等含碳化合物为碳源，在镍、铜等具有溶碳量的金属基体上，通过将碳源高温分解，再采用强迫冷却的方式，最终在基体表面形成石墨烯。其生长机理主要可以分为两种，如图4-4-1所示。

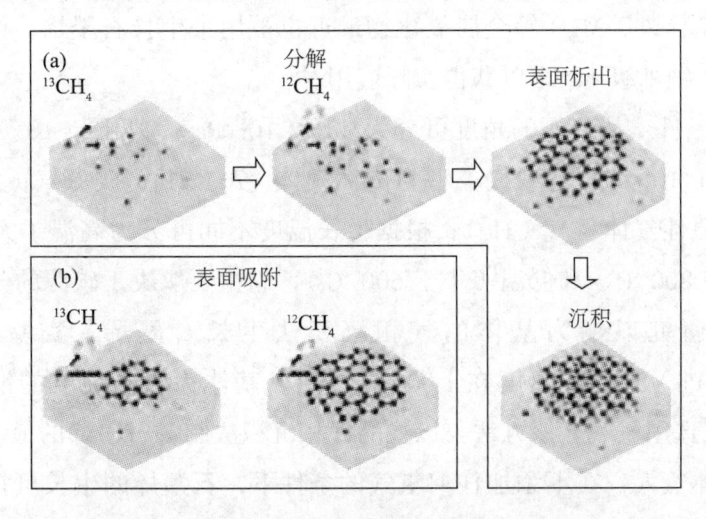

（a）渗碳析碳机制　（b）表面生长机制

图4-4-1　气相沉积法生长石墨烯的渗碳析碳机制与表面生长机制示意图

（1）渗碳析碳机制：对于镍等具有较高溶碳量的金属基体，碳源裂解产生的碳原子在高温时渗入金属基体内，在降温时再从其内部析出成核，最终生长成石墨烯。

（2）表面生长机制：对于铜等具有较低溶碳量的金属基体，在高温下气态碳源裂解生成的碳原子吸附于金属表面，进而成核生长成石墨烯薄膜。单层石墨烯是二维碳-碳结构，当还原反应不完善或不充分时，二维石墨烯薄膜结构上会出现很多不平整的、有一定密度的原子尺度的台阶，使石墨烯的质量和性能出现大幅度下降；通过调整生长过程中还原气体 H_2 的比例，能够有效地减少石墨烯薄膜中的原子尺度的台阶的数量，从而提高石墨烯的质量。

（3）石墨烯的气相沉积法生长：石墨烯的气相沉积法生长主要涉及碳源、生长基体和生长条件，其中，使用大量的还原气体氢气是关键生产条件之一。

① 碳源：生长石墨烯的碳源主要是烃类气体，如甲烷（CH_4）、乙烯（C_2H_4）、乙炔（C_2H_2）等，也有报道使用固体碳源 SiC 生长石墨烯。选择碳源时需要考虑的因素主要有烃类气体的分解温度、分解速度和分解产物等。碳源的选择在很大程度上决定了生长温度，采用等离子体辅助等方法也可降低石墨烯的生长温度。

② 生长基体：用于生长的基体主要是金属箔或特定基体上的金属薄膜。金属主要有 Ni、Cu、Ru，以及它们的合金等，选择的主要依据有金属的熔点、溶碳量，以及是否有稳定的金属碳化物等。这些因素决定了石墨烯的生长温度、生长机制和使用的载气类型。另外，金属的晶体类型和晶体取向也会影响石墨烯的生长质量。除金属基体外，MgO 等金属氧化物最近也被用来生长石墨烯，但所得石墨烯的尺寸较小（纳米级），难以获得实际应用。

③ 生长条件：从气压的角度可分为常压（10^5 Pa）、低压（10^{-3} ~ 10^5 Pa）和超低压（小于 10^{-3} Pa）；载气类型为惰性气体（Ar、He）或氮气（N_2），以及大量使用的还原性气体氢气（H_2）；根据生长温度不同可分为高温（大于 800 ℃）、中温（600 ~ 800 ℃）和低温（小于 600 ℃），它主要取决于碳源的分解温度。

本实验研究以铜为基体的气相沉积法生长石墨烯。实验采用了低压（50 Pa ~ 5 kPa）条件，温度在 1 000 ℃ 以上，基体为较高纯度的铜箔（纯度 > 99%），载气选用氮气。该方法与以往的气相沉积法制备石墨烯的最大区别是不使用还原性气体氢气，在不添加任何氢气的条件下，石墨烯的生长可在几分钟之内完成。采用本方法制备石墨烯，具有可控性好、铜箔价格低廉、易于转移和工业化制备等优点。由于在制备过程中没有使用大量的还原性气体氢气，从而简化了制备工艺，降低了生产成本和制备时间，重复性好。

四、实验内容及步骤

（一）石墨烯的制备

（1）剪切 1 cm×1 cm 规则的小正方形铜片，压平后放入含有去离子水的烧杯中超声清洗 20 min，然后放入鼓风干燥箱，在 100 ℃条件下烘烤 10 min。

（2）把烘干的铜片放入石英舟内，将石英舟（含铜片）推到管式炉中间。

（3）通入氮气（200 mL/min）排净管内空气后开始升温，升高温度至 1 000 ℃。

（4）温度达到 1 000 ℃时，保持温度稳定 20 min，然后关闭氮气再通入甲烷（15 mL/min），反应 30 min。

（5）反应完成后，关闭电源和甲烷，再通入氮气（200 mL/min）排净管内可能残余的甲烷。

（6）在氮气环境下将管子冷却到室温，取出石英舟，得到了沉积石墨烯的铜箔。

（二）石墨烯的转移

（1）聚甲基丙烯酸甲酯的旋涂：将沉积了石墨烯的铜箔置于旋涂机上。分别在低速和高速旋转时在其表面均匀涂覆一层厚度为 0.5～1.0 mm 的聚甲基丙烯酸甲酯薄层。其中，低速为 60 rad/min，涂覆时间为 10 s；高速为 7 000 rad/min，涂覆时间为 60 s。

（2）铜箔的溶解：将铜箔的涂覆了聚甲基丙烯酸甲酯的面朝上，使其漂浮在氯化铁溶液表面，在氯化铁溶液中铜箔将被逐渐腐蚀掉，由此可得到涂覆有聚甲基丙烯酸甲酯的石墨烯薄膜，即聚甲基丙烯酸甲酯/石墨烯。

（3）聚甲基丙烯酸甲酯/石墨烯的清洗：将聚甲基丙烯酸甲酯/石墨烯放置在干净的玻璃片上，一起放入盛有去离子水的烧杯中（此时，玻璃片沉入去离子水中，聚甲基丙烯酸甲酯/石墨烯薄膜则漂浮在去离子水表面），超声清洗 10 min，洗净氯化铁溶液。

（4）去除聚甲基丙烯酸甲酯薄膜：首先将载有聚甲基丙烯酸甲酯/石墨烯的玻璃片略为倾斜，将苯甲醚/丙酮滴在玻璃片的边缘上，使苯甲醚/丙酮缓慢地覆盖在聚甲基丙烯酸甲酯薄膜上，溶解掉聚甲基丙烯酸甲酯薄膜；其次在玻璃片的边缘用吸纸将剩余的苯甲醚/丙酮吸走，重复几次即可将聚甲基丙烯酸甲酯清洗干净，得到附在玻璃片上的石墨烯；最后吹干，完成石墨烯的转移，得到高质量、高纯度的石墨烯。

（三）石墨烯的表征

采用拉曼测试、扫描电子显微镜和 X 射线多晶衍射对本实验制备的石墨烯进行表征。

五、思考题

（1）简述石墨烯材料的特点及应用。
（2）介绍石墨烯材料制备方法。
（3）简述化学气相沉积过程中反应室内的压力和温度对反应的影响。
（4）简述化学气相沉积炉的结构及种类。

实验五　钙钛矿太阳能电池光吸收层的制备

一、实验目的

（1）掌握钙钛矿太阳能电池光吸收层制备的方法。
（2）熟悉钙钛矿太阳能电池光吸收层制备的流程。
（3）能简单操作实验所需的各类型仪器。

二、实验仪器与材料及试剂

（1）实验仪器：旋涂机、离心机、数显磁力搅拌恒温电热套。
（2）实验材料及试剂：丙酮、碘化铅、碘甲胺、导电玻璃、空穴传输层材料、二甲基甲酰胺、氯苯、甲苯、无水乙醇。

三、实验原理

钙钛矿材料衍生自钛酸钙（$CaTiO_3$），是钙化合物，具有ABX_3型分子结构，有优异的性能。在太阳能电池和LED领域钙钛矿材料有不错的表现，包括优秀的光电性能、低激子结合能、高吸收系数等，钙钛矿材料作为光吸收层，一般只要400 nm就可以吸收全部可见光，不仅如此，通过改变A，B以及X位的元素可以调节钙钛矿材料的带隙。钙钛矿材料可以传输电子和空穴，是一种双性载流子传输材料，$MAPbI_3$钙钛矿材料的载流子扩散长度达到了1 μm，表现出了非常优秀的载流子传输性能，钙钛矿太阳能电池有三种结构，如图4-5-1所示。

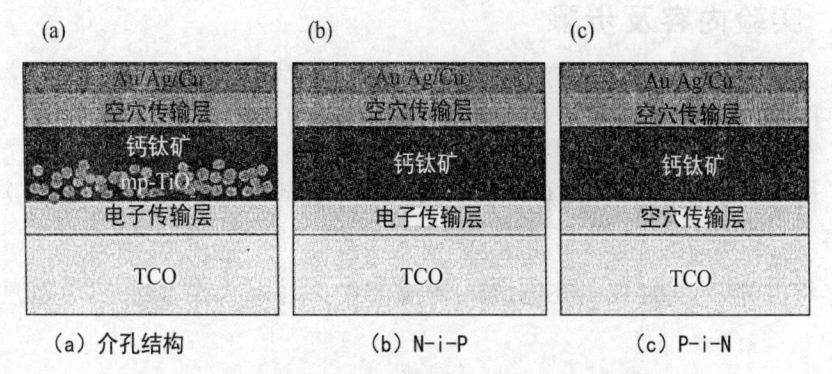

图 4-5-1　钙钛矿太阳能电池结构示意图

有机-无机金属卤化物钙钛矿材料是一种常见的太阳能电池材料，其中，A

位可以是甲胺离子、甲脒粒子或者铯离子等，位于面心立方的顶点；金属阳离子 B 和卤素阴离子 X 分别占据正八面体的中心和顶点。金属 – 卤素八面体连接在一起形成稳定的三维网状结构。其三维晶体结构如图 4-5-2 所示。

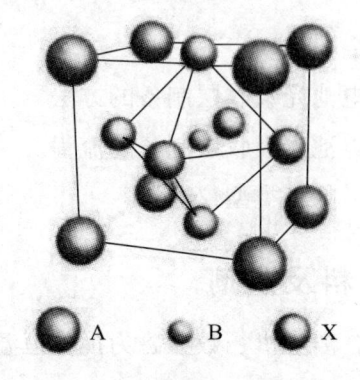

图 4-5-2　三维钙钛矿晶体结构示意图

钙钛矿晶体的稳定性和它的结构可以用容差因子（t）和八面体因子（μ）来粗略估计，公式如下：

$$t=(R_A+R_X)/\sqrt{2}(R_B+R_X) \quad (4-5-1)$$

$$\mu=R_B/R_X \quad (4-5-2)$$

式中，R_A，R_B，R_X 分别代表 A 原子、B 原子、X 原子的半径。当 $0.81<t<1.1$ 和 $0.44<\mu<0.90$ 时，ABX_3 化合物为钙钛矿结构；当 $t=1$ 时，它是对称性最高的立方晶格；当 $0.98<t<1.0$ 时，晶格为棱面体结构；当 $t<0.96$ 时，对称性转变为正交结构；当 $t<0.80$ 时，形成不同的结构。

四、实验内容及步骤

（一）ITO 玻璃清洗

（1）用毛刷沾洗洁精刷洗 ITO 玻璃正反面 3 min，然后用清水冲洗 2 次将泡沫冲洗干净。

（2）将洗刷干净的 ITO 玻璃放入清洗架中，加上去离子水超声清洗 15 min（两遍）。

（3）倒掉去离子水，换上丙酮超声清洗 15 min。

（4）倒掉丙酮，换上无水乙醇超声清洗 15 min。

（5）用吹风机吹干表面残留酒精，放入 70 ℃烘箱中烘干备用。

（二）旋涂空穴传输层

旋涂空穴传输层以前先用等离子体清洗处理 ITO 基片 5 min，改善基片浸润性，并且除去 ITO 表面残留的有机物。选用三种空穴传输层，分别是旋涂 PEDOT：PSS、旋涂 PTAA 和旋涂 Poly-TPD。

1. 旋涂 PEDOT：PSS

为了得到平整的 PEDOT：PSS 薄膜，在使用前用 0.22 的水溶性滤头过滤 PEDOT：PSS，取适量过滤后的 PEDOT：PSS 水溶液滴在 ITO 基片上，均匀铺开使其覆盖整个基片，转速为 4 000 r/min，时间为 60 s，将旋涂好的基片在 130 ℃加热台上退火 20 min。退火结束后，基片保存备用。

2. 旋涂 PTAA

将 PTAA 溶于氯苯中，在 70 ℃加热台上加热溶解 30 min。用移液管取 30 μL PTAA 溶液滴在基片上旋涂，转速为 6 000 r/min，时间为 35 s，之后在 110 ℃加热台上退火 10 min。退火后取下自然冷却，用等离子体清洗处理基片 2 s，改善浸润性。

3. 旋涂 Poly-TPD

将 Poly-TPD 溶于氯苯中，在 70 ℃加热台上加热溶解 30 min，用移液管取 30 μL Poly-TPD 溶液滴在基片上旋涂，转速为 6 000 r/min，时间为 35 min。之后在 130 ℃加热台上退火 10 min。退火后取下自然冷却，用等离子体清洗基片 3 s，改善浸润性。

（三）电池制备

1. 一步法前驱液制备

将碘化铅和碘甲胺混合溶解在二甲基甲酰胺溶液中，浓度为 1.3 mol/L，搅拌 1 h 直至完全溶解。

2. 钙钛矿的旋涂和退火

一步旋涂法制备 $MAPbI_3$ 钙钛矿薄膜流程示意图如图 4-5-3 所示，先将 PEDOT：PSS 作为空穴传输层，在涂有 PEDOT：PSS 的基片上旋涂钙钛矿前驱液，用移液管取 35 μL 前驱液，在基片上均匀铺开，起旋加速度为 10 000 rpm/s，速度为 6 000 r/min，旋涂时间为 55 s，在第 4 s 时滴下 80 μL 反溶剂甲苯。滴加反溶剂的时间会随温度、旋涂速度变化，总之滴加反溶剂要在薄膜变色（变为黑色）之前，滴完反溶剂之后薄膜立即变成黑色光亮的钙钛矿薄膜，旋涂结束后取下基片，将其放在 70 ℃加热台上预退火 3 min，以去除二甲基甲酰胺，然后在 100 ℃加热台上结晶退火 30 min。

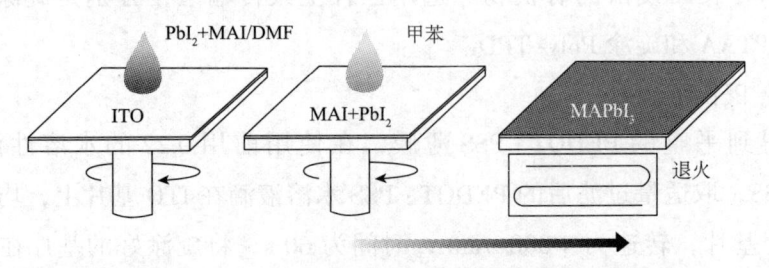

图 4-5-3 一步旋涂法制备 MAPbI$_3$ 钙钛矿薄膜流程示意图

3. 沉积电子传输层和电极

采用热蒸发法在钙钛矿上沉积 40 nm C60 和 8 nm 丙酮（BCP），速率为 0.02 nm/s，之后以 0.01 nm/s 的速率沉积 80 nm 铜电极。

四、注意事项

（1）实验过程中涉及多种药品的使用，必须严格按照实验室操作章程进行实验，避免因不得当操作造成不必要的实验事故。

（2）基片清洗不干净，基片残留物会影响旋涂效果，从而影响电池性能。

（3）旋涂过程中必须严格按正确实验规定操作，防止基片飞出伤到人。

（4）实验过程中滴加反溶剂甲苯时，必须要在薄膜变色（变为黑色）之前滴下。

（5）旋涂过程应仔细认真，尽可能使浆料涂抹均匀，以保证电池的光电转换效率。

五、思考题

（1）滴加反溶剂甲苯的作用是什么？

（2）将不锈钢金属材料作为基片，会有哪些方面的影响？

（3）与其他太阳能电池比较，MAPbI$_3$ 电池有哪些优势和局限性？

实验六　薄膜光学性能的测量

一、实验目的

（1）了解薄膜主要光学性能。
（2）学习薄膜光学性能的测试方法。

二、实验仪器与材料

（1）实验仪器：膜厚仪（椭偏仪）。
（2）材料：镊子、待测膜厚样品、标样等。

三、实验原理

（一）薄膜的光学性能

由于薄膜的材料不同，各种薄膜（如金属膜、介质膜、半导体膜等）都有各自不同的性质。了解薄膜的力学、电学、光学、热学及磁学性质，对薄膜的应用有着十分重要的意义。

薄膜的光学性能，主要反映薄膜对光的反射、折射及透射性能，描述的光学常数有反射率、折射率、透射率及吸光系数等。

（二）薄膜的光学性能的测试

目前，薄膜测量是基于光学法和探针法这两种主要方法的。探针法测量厚度及粗糙度，是通过监测精细探针划过薄膜表面时的偏移来测量的，是测量不透明薄膜（例如金属）的首选方法。光学法通过测量光与薄膜如何相互作用来检测薄膜的特性。光学法可以测量薄膜的厚度、粗糙度及光学参量。

测量光在薄膜中的传播和反射，最常用的方法是反射光谱法及椭圆偏光法。反射光谱法是让光正（垂直）入射到样品表面，测量被薄膜表面反射回来的一定波长范围的光。椭圆偏光法测量的是非垂直入射光的反射光及光的两种不同偏振态。一般而言，反射光谱法比椭圆偏光法更简单简洁，但它只限于测量较简单的结构。

(三) 椭偏仪

1. 椭偏仪的结构

椭偏仪的结构示意图如图 4-6-1 所示，椭偏仪根据工作原理不同，有许多不同的机型，但其主要由光源、偏振器件、补偿器、光束调制器和探测器构成。

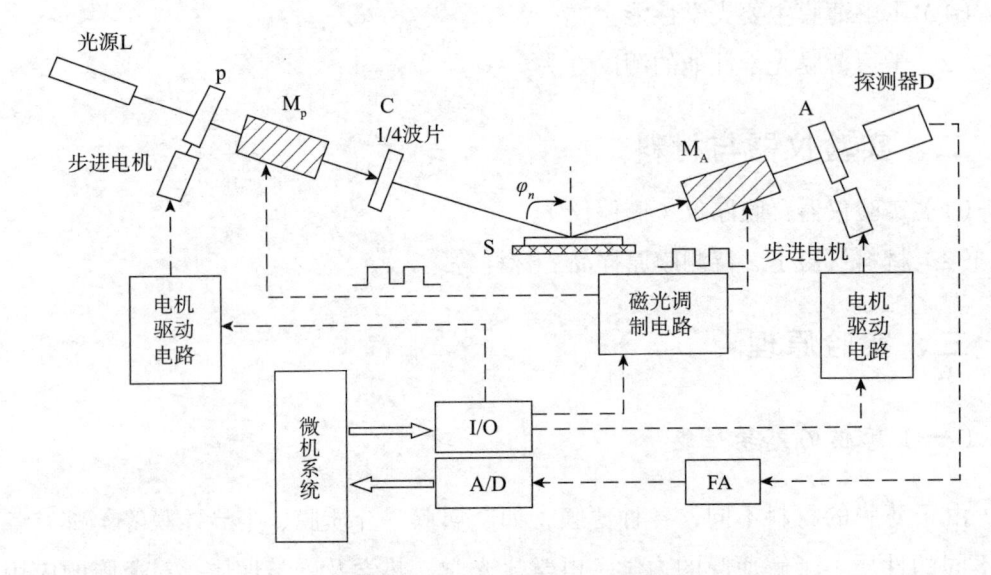

图 4-6-1　椭偏仪的结构示意图

（1）光源：椭偏仪的光源可以产生一束强度稳定的自然光。目前大多将氦氖光作为光源。

（2）偏振器件：偏振器是重要的光学元件，它能将任何偏振态的光变成线偏振光并定向于传输轴。

（3）1/4 波片：1/4 波片可以将线偏振光变成圆偏振光。使 O 光和 e 光产生附加光程差。若以线偏振光入射到 1/4 波片，且 $\theta=45°$，则穿出波片的光为圆偏振光；反之，圆偏振光通过 1/4 波片后变为线偏振光。

（4）光束调制器：采用的是反射光谱法的原理，可测量薄膜的厚度及光学常数。反射光谱包含了样品的反射率、膜层厚度、膜层和基底的折射率与消光系数的信息。

2. 工作原理

光通过薄膜传播示意图如图 4-6-2 所示。光学参量（n 和 k）描述了光通过薄膜如何进行传播。n 是折射率，描述了光在材料中能传播多快，同时它表示入射角 i 与折射角 r 的关系。k 是消光系数，决定材料吸收光的多少。n 与 k 是随着波长的变化而变化的,这种依赖关系被称为色散。不同波长的光波在穿透被测膜层时会产生不同的相位差,由被测膜层的厚度与 n、k 值决定各个波长的光所产生的相位差,当相位差为波长的整数倍时,产生建设性叠加,此时反射率最大;相位差为半波长时,出现破坏性叠加,反射率最小;整数倍与半波长之间的叠加,使反射率介于最大与最小反射率之间,这样就形成了干涉图形。

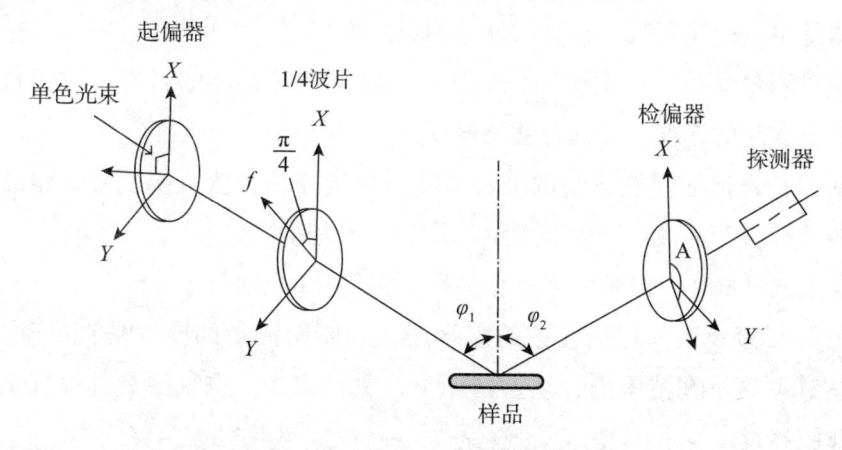

图 4-6-2 光通过薄膜传播示意图

如图 4-6-3 所示,在单层界面上,入射光分解为反射光和折射光。多于一层的界面有许多个反射光线射出薄膜,如图 4-6-4 所示。

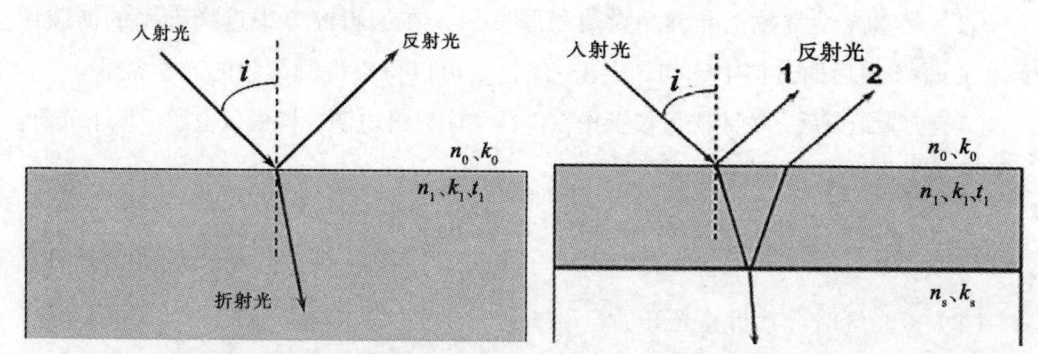

图 4-6-3 单层界面上薄膜反射和折射光线   图 4-6-4 薄膜反射和折射光线多于一层界面

射线 1 的强度由 n_0、n_1 决定,射线 2 的强度由 n_0、n_1、n_s、k_1 决定,反射强度依赖于折射率和消光系数。射线 2 在厚度为 t_1 的膜层中的传播速度由反射率决定,射线 1 没有进入膜层。这样,当射线 2 离开膜层时,它就相对于射线 1 有延时,这个延时依赖于 t_1 和 n_1。

四、实验内容及步骤

（1）开机：打开电脑，接上椭偏仪光纤，打开椭偏仪电源，打开光纤电源。

（2）测量膜厚：

①打开椭偏仪操作软件，椭偏仪自检结束，把待测样品放到测试平台中间。

②测量单点的厚度时，打开软件的测量界面。

a.编辑测量参数：根据所制备的样品，选择待测样品的材料、衬底材料。同时估计待测样品的厚度，选择合适的厚度范围。

b.基准：先把标样放在测试平台中间，采集样品，然后换上待测样品，根据衬底材料选择参考标准，采集参考值，最后完成基准。

c.点击测量操作，测量结果就会显示出待测点的厚度。

d.根据实验光谱和理论光谱的拟合度，判断所测量的厚度是否准确；否则，样品的估计厚度不在范围内，须重新调整，重新测量。重复测量过程直至获得可参考的薄膜厚度。

③进行多点测量时，打开软件的 WaferMap 界面。Edit 同单点的编辑配方，Baseline 同单点的基准，点击 Start 开始测量。其中点的数量和组成形状在工具条的"编辑"→"Map Pattern"中可选。

（3）测量光学常数：准确测量薄膜厚度后，在编辑配方中选择准确的薄膜厚度，在 n、k 值后面方框中选勾，点击 OK，就可以得出待测薄膜的光学常数。

（4）实验结束后，关闭椭偏仪操作软件，关闭光纤电源、椭偏仪电源，取下光纤。

（5）关电脑，关总电源。

五、注意事项

（1）接光纤时严禁折叠光纤。

（2）仪器自检时禁止放样操作，避免损坏仪器。

（3）在换样时不能把换下的样品放到样品台上，以免在移动的过程中，样品掉入椭偏仪中。

六、思考题

（1）薄膜光学的物理依据是什么？

（2）叙述一下薄膜光学的透射定理。

实验七 二氧化钛电极材料的结构表征

一、实验目的

（1）了解 X 射线衍射的原理及用途。
（2）掌握二氧化钛电极材料结构表征的方法。

二、实验仪器

X 射线衍射仪。

三、实验原理

（一）X 射线

X 射线是原子的内层电子在高速运动电子的轰击下跃迁而产生的光辐射，主要有连续 X 射线和特征 X 射线两种。

当一束单色 X 射线入射到晶体时，由于晶体是由原子规则排列成的晶胞组成的，这些规则排列的原子间距离与入射 X 射线的波长有相同的数量级，故由不同原子散射的 X 射线相互干涉，在某些特殊方向上产生强 X 射线衍射，衍射线在空间分布的方位和强度与晶体结构密切相关，它可以反映晶体的结构信息。通过对衍射线产生的衍射图谱进行分析，可以得到物质的结构信息。

（二）X 射线衍射仪

X 射线衍射仪的形式多种多样、用途各异，但其基本构成很相似，X 射线衍射仪的实物图如图 4-7-1 所示，其主要部件包括 X 射线源、样品测试台、射线检测器和衍射图的处理分析系统。

（1）高稳定度 X 射线源。提供测量所需的 X 射线，改变 X 射线管阳极靶材质可改变 X 射线的波长，调节阳极电压可控制 X 射线源的强度。

（2）样品及样品位置取向的调整机构系统。样品须是单晶、粉末、多晶或微晶的固体块。

图 4-7-1　X 射线衍射仪的实物图

（3）射线检测器。检测衍射强度或同时检测衍射方向，通过仪器测量记录系统或计算机处理系统可以得到多晶衍射图谱数据。

（4）衍射图的处理分析系统。现代 X 射线衍射仪都附带安装有专用衍射图处理分析软件的计算机系统，它们的特点是自动化和智能化。

（三）X 射线衍射技术的主要应用

1. 物相分析

物相分析是 X 射线衍射在物质分析中用得较多的方面，其包括定性分析和定量分析。前者把对材料测得的点阵平面间距及衍射强度与标准物相的衍射数据相比较，确定材料中存在的物相；后者则根据衍射花样的强度，确定材料中各相的含量。在研究性能与各相含量的关系和检查材料的成分配比及随后的处理方法是否合理等方面都得到了广泛应用。

2. 结晶度的测定

结晶度为结晶部分质量占总的试样质量的百分比。非晶态合金的应用非常广泛，如软磁材料等，而结晶度直接影响材料的性能，因此结晶度的测定就显得尤为重要了。测定结晶度的方法很多，但不论哪种方法都是根据结晶相的衍射图谱面积与非晶相图谱面积测定的。

3. 精密测定点阵参数

精密测定点阵参数常用于相图的固态溶解度曲线的测定。溶解度的变化往往引起点阵常数的变化，当达到溶解度后，溶质的继续增加引起新相的析出，不再引起点阵常数的变化，这个转折点即为溶解度。另外，通过点阵常数的精密测定可得到单位晶胞原子数，从而确定固溶体类型，还可以计算出密度、膨胀系数等有用的物理常数。

四、实验内容及步骤

（一）X射线衍射仪的操作方法

（1）开启循环水系统：将循环水系统上的钥匙拧向竖直方向，打开循环水系统上的控制器开关 ON，此时界面会显示流量，打开按钮 RUN 即可。调节水压使流量超过 3.8 L/min，如果流量小于 3.8 L/min，高压将不能开启。

（2）开启主机电源：打开交流稳压电源，即把开关扳到 ON 的位置，然后按下开关上面的绿色按钮 FAST START，此时主机控制面板上的 Stand by 灯亮。

（3）按下 Light 按钮（第三个按钮），打开仪器内部的照明灯。

（4）关好门，把 HT 钥匙转动 90°，拧向平行位置，按下 X'Pert 仪器上的 Power on 按钮（第一个按钮），此时 HT 指示灯亮，HT 指示灯下面的四个小指示灯也会亮，并且会有电压（15 kV）和电流（5 mA）显示，等待电压电流稳定下来。如果没有电压电流显示，把钥匙拧向竖直位置稍等半分钟再把钥匙拧向平行位置，重复此操作，直到把 HT 打开。

（5）点击桌面上的 X'Pert Data Collector 软件，输入账号密码。

（6）点击菜单 Instrument 的下拉菜单 Connect，进行仪器连接，弹出对话框，点击 OK，再弹出对话框再点击 OK，此时软件的左侧会出现参数设定界面 Flat sample stage。

（7）Flat Sample Stage 界面共有 3 个选项卡 Instrument Settings、Incident Beam Optics 和 Diffracted Beam Optics，设备老化和电压电流操作均在 Instrument Settings 下设定，后两个参数设定一般不要动。

（8）如果两次操作间隔 100 小时以上应选择正常老化，间隔在 24～100 h 应选择快速老化。老化的方式：在第（7）步的 Instrument Settings 下，展开 Diffractometer → X-ray → Generator（点击前面的小"+"号），此时 Generator 下面有三个参数：Status、Tension 和 Current，双击这三个参数中的任一个或者右击其中的任一个，选择 change，会弹出 Instrument Settings 对话框，此时正定位在此对话框的第三个选项卡 X-ray 上，界面上有 X-Ray generator、X-Ray tube 和 Shutter 三项，点击 X-Ray tube 下的 Breed 按钮，会出现 Tube Breeding 对话框，选择 breed X-Ray tube 的方式：at normal speed 或者 fast，然后点击 OK，光管开始老化，鼠标显示忙碌状态。老化完毕后，先升电压后升电流，每间隔 5 kV、5 mA 升至 40 kV、40 mA，即设备将在 40 kV 和 40 mA 的状态下工作。

（二）试样制备

根据样品的量选择相应的试样板，粉体或者颗粒都应尽量使工作面平整。

（三）测试

（1）打开设备门，放入样品，把门合上，应合紧，否则会提示 Enclosure (doors) not closed 的错误。

（2）选择项目，点击 X'Pert Data Collector 的 Customize 菜单下的 Select Project，出现 Select Current Project 的对话框，选择自己的文件夹，点击 OK 即可。如果还没有自己的项目，打开 X'Pert Organizer 软件，点击菜单 Users & Projects 菜单下的 Edit Projects，点击 New，弹出 New Project 对话框，新建自己的项目，点击 OK 即可，然后重复本步前半部分。

（3）点击菜单 Mearsure 下的 Program，弹出 Open Program 对话框，默认 Program type 为 Absolute scan，默认选择 cell-scan，点击 OK，弹出 Start 对话框，由于第（2）步的工作，所以 Project name 一栏已经选择在自己的文件夹，在 Data set name 一栏填入试样代号，点击 OK，即开始扫描。

（4）开始扫描后会出现 Positioning the instrument，然后"咔"的一声，仪器门锁上，两臂抬起，开始扫描试样，默认衍射角为 10°～80°。

（5）扫描结束后"咔"的一声，两臂开始降落，显示 Positioning the instrument，此时一定要等两臂降下来（衍射角约为 12.0° 时）之后再开门，不然又会提示 Enclosure (doors) not closed 的错误。

（四）停止扫描

测试结束后，先降电流再降电压，把电流和电压分别降到 10 mA 和 30 kV（每间隔 5 mA、5 kV 下降一次），将钥匙转动 90° 到竖直位置，关闭高压，等待约

2 min 后按下 Stand by 按钮，关闭主机和循环水系统。如果下次测试时间间隔不超过 20 h，就不用关闭高压（不拧钥匙），也不用关主机和循环水系统，但是要把电流和电压降下来。

（五）导出数据

（1）打开 X'Pert Organizer，点击 Database 的下拉菜单的 Export 的 Scans 按钮，弹出 Export scans 对话框，点击下面的 Filter 按钮，通过过滤，查找相应文件，选中、点击 OK，然后点击 Folder，找到存放的目录点击 OK，然后把 .rd 和 .csv 的格式勾上，并全部选中 OK 即可。

（2）光盘刻录。准备好空白光盘，打开刻录软件，按照提示操作。

五、数据分析

分别对 400 ℃、500 ℃和 600 ℃下的二氧化钛结晶 X 射线衍射谱图进行分析，图 4-7-2 为 400 ℃、500 ℃和 600 ℃下的二氧化钛结晶 X 射线衍射谱图，通过判断二氧化钛在不同温度下的结晶情况来深入学习 X 射线衍射的原理及用途。

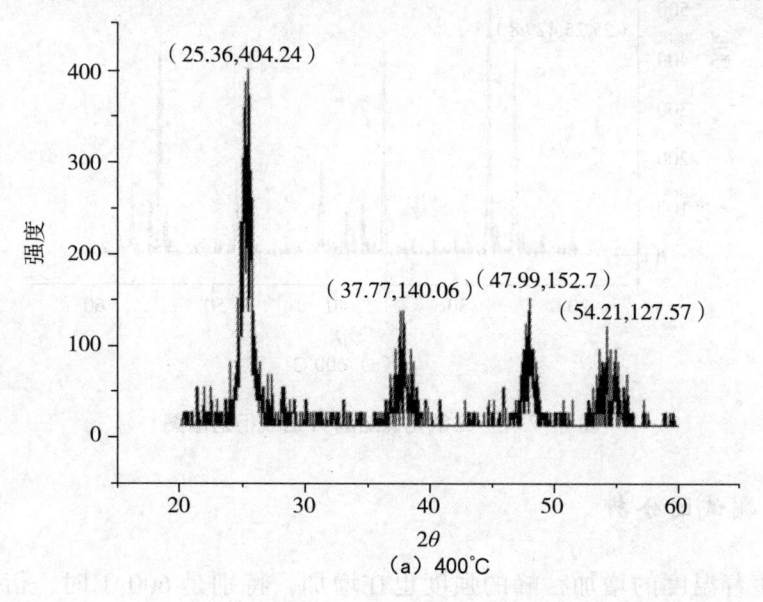

(a) 400℃

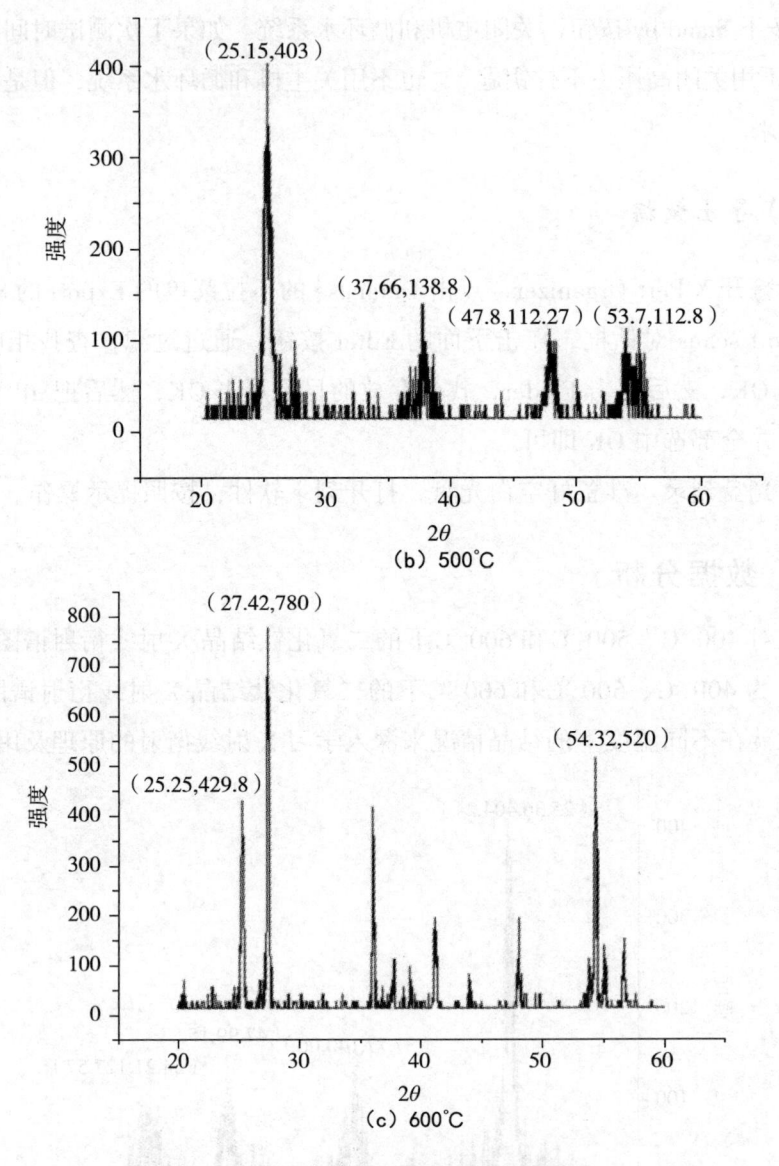

图 4-7-2 二氧化钛结晶 X 射线衍射谱图

（一）测试图分析

（1）随着温度的增加，峰的强度也在增加，特别是 600 ℃时，衍射谱线强、尖锐且对称，衍射峰的半高宽窄，所以可以得出，随着温度的增加，二氧化钛结晶度增加，物相也趋于一相。

（2）随着温度的增加，衍射峰的半高宽窄，即半高宽 β 在变小，根据式（4-7-1）

可以得出，随着温度的增加，晶粒在变大。

$$D = 0.89\lambda / (\beta \times \cos\theta) \quad (4\text{-}7\text{-}1)$$

(二) 结晶情况分析

参照图 4-7-3，即锐钛矿和金红石的 PDF 卡片，对二氧化钛的结晶情况进行分析。

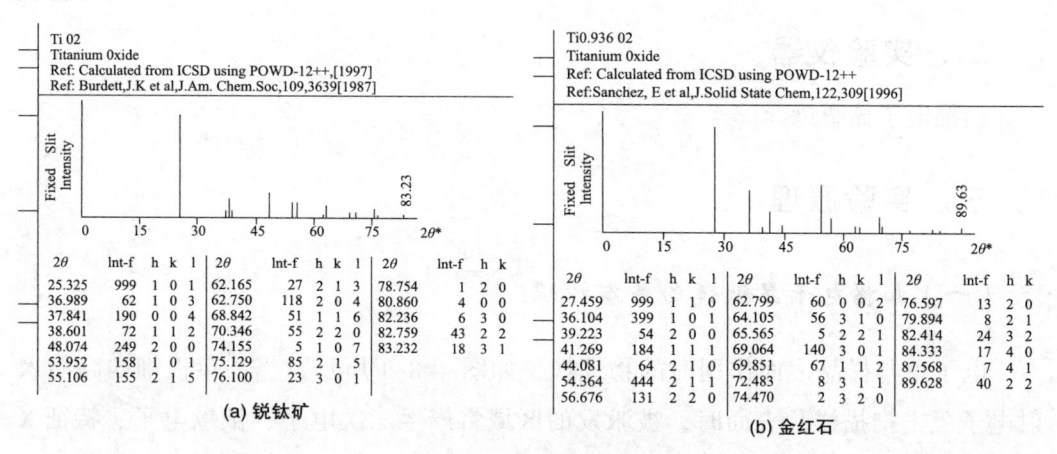

(a) 锐钛矿　　(b) 金红石

图 4-7-3　PDF 卡片

由对比图分析可得，锐钛矿的特征峰出现在 $2\theta=25.325$、37.841、48.074 时；金红石的特征峰出现在 $2\theta=27.459$、36.104、54.364 时。

与所测的试样图谱对比分析可得，400 ℃时二氧化钛结晶图谱与锐钛矿的 PDF 卡片吻合，故 400 ℃时，二氧化钛结晶为较纯的锐钛矿。500 ℃时部分锐钛矿相开始转化为金红石相，600 ℃时得到金红石相二氧化钛，其中含有少量的锐钛矿相。

六、注意事项

（1）严格按照操作顺序进行操作，测试过程中避免人员接触 X 射线衍射仪。
（2）样品的制备应符合测试要求，测试前要做好检查。

七、思考题

（1）X 射线衍射测试需要提供哪些测试条件（参数）？
（2）X 射线衍射的基本原理是什么？
（3）除了结构缺陷和应力等因素外，为什么粒径越小，衍射缝越宽？
（4）X 射线波长的选择过程中应注意什么？为什么？

实验八　二氧化钛电极材料的形貌表征

一、实验目的

（1）了解扫描电子显微镜的原理及用途。
（2）掌握二氧化钛电极材料的形貌表征的方法。

二、实验仪器

扫描电子显微镜。

三、实验原理

（一）扫描电子显微镜的基本原理

电子束与样品表面作用时的物理现象如图 4-8-1 所示，当一束极细的高能入射电子轰击扫描样品表面时，被激发的区域将产生二次电子、俄歇电子、特征 X 射线、连续谱 X 射线、背散射电子和透射电子，以及在可见、紫外、红外光区产生的电磁辐射。同时可产生电子－空穴对、晶格振动（声子）、电子振荡（等离子体）。二次电子来自距离表面 5～10 nm 的区域内，能量为 0～50 eV。它对试样表面状态非常敏感，能有效地显示试样表面的微观形貌。由于它来自试样表层，入射电子还没有被多次反射，因此产生二次电子的面积与入射电子的照射面积没有多大区别，所以二次电子的分辨率较高，一般可达 5～10 nm。扫描电子显微镜的分辨率一般就是二次电子的分辨率。二次电子的产额随原子序数的变化不大，它主要取决于表面形貌。

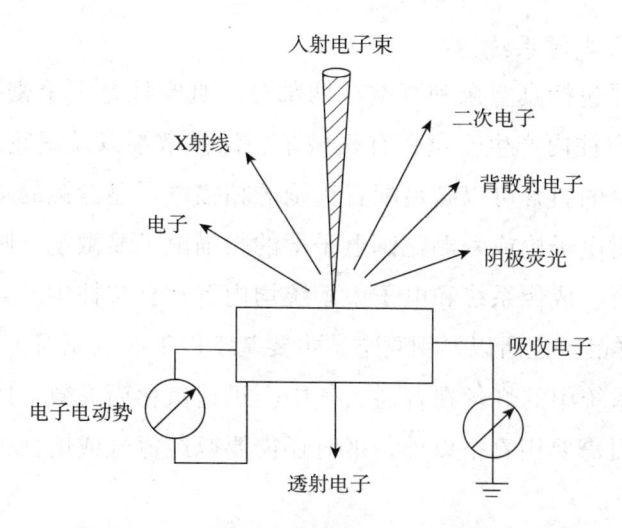

图 4-8-1　电子束与样品表面作用时的物理现象

（二）扫描电子显微镜的基本结构

扫描电子显微镜的结构示意图如图 4-8-2 所示，扫描电子显微镜由真空系统和电源系统、电子光学系统、信号检测放大系统组成。

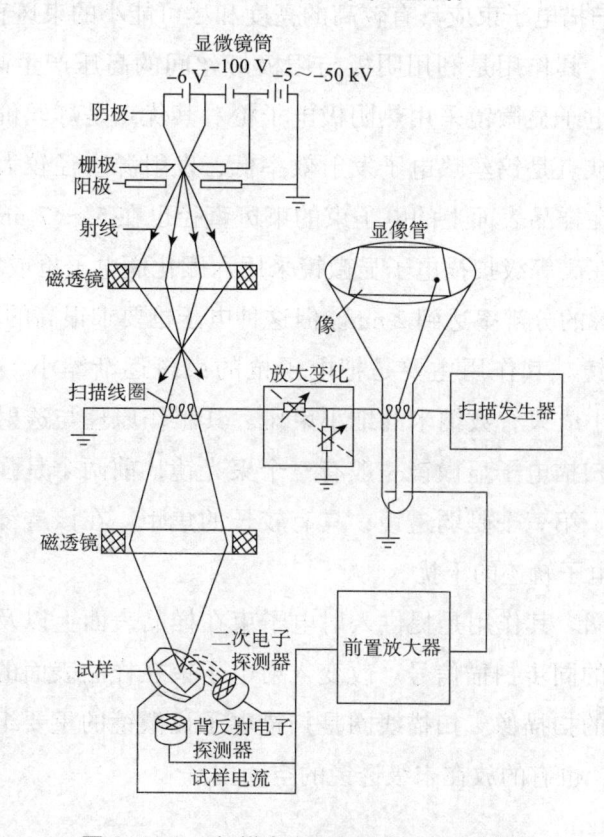

图 4-8-2　扫描电子显微镜的结构示意图

1. 真空系统和电源系统

真空系统主要包括真空泵和真空柱两部分。真空柱是一个密封的柱形容器。真空泵用来在真空柱内产生真空,有机械泵、油扩散泵以及涡轮分子泵三大类。机械泵加油扩散泵的组合可以满足配置钨枪的扫描电子显微镜的真空要求,但对于装置了场致发射电子枪或六硼化镧电子枪的扫描电子显微镜,则需要机械泵加涡轮分子泵的组合。成像系统和电子束系统均内置在真空柱中。真空柱底端的密封室,用于放置样品。之所以要用真空,主要基于以下两点原因:

(1) 电子束系统中的灯丝在普通大气中会迅速氧化而失效,所以除了在使用扫描电子显微镜时需要用真空以外,平时还需要以纯氮气或惰性气体充满整个真空柱;

(2) 为了增大电子的平均自由程,用于成像的电子更多。

2. 电子光学系统

电子光学系统由电子枪、电磁透镜、扫描线圈和样品室等部件组成,可用来获得扫描电子束,并将其作为产生物理信号的激发源。为了获得较高的信号强度和图像分辨率,扫描电子束应具有较高的亮度和尽可能小的束斑直径。

(1) 电子枪。其作用是利用阴极与阳极灯丝间的高压产生高能量的电子束。目前大多数扫描电子显微镜采用热阴极电子枪。其优点是灯丝价格较便宜,对真空度要求不高,缺点是钨丝热电子发射效率低,发射源直径较大,即使经过二级或三级聚光镜,在样品表面上的电子束的束斑直径也在 5～7 nm,因此仪器分辨率受到限制。现在高等级扫描电子显微镜采用六硼化镧电子枪或场致发射电子枪,其可使二次电子像的分辨率达到 2 nm。但这种电子枪要求很高的真空度。

(2) 电磁透镜。其作用主要是把电子枪的束斑逐渐缩小,使原来直径约为 50 mm 的束斑缩小成只有数纳米的细小束斑。其工作原理与透射电子显微镜中的电磁透镜相同。扫描电子显微镜一般有三个聚光镜,前两个是强透镜,用来缩小电子束光斑尺寸。第三个是弱透镜,具有较长的焦距,在该透镜下方放置样品可避免磁场对二次电子轨迹的干扰。

(3) 扫描线圈。其作用是提供入射电子束在样品表面上以及阴极射线管内电子束在荧光屏上的同步扫描信号。改变入射电子束在样品表面的扫描振幅,以获得所需放大倍率的扫描像。扫描线圈是扫描电子显微镜的重要组件,它一般放在最后两透镜之间,也有的放在末级透镜的空间内。

（4）样品室。样品室中主要部件是样品台。它既能进行三维空间的移动，也能倾斜和转动，样品台的移动范围一般可达 40 mm，倾斜范围在 50°左右，转动 360°。样品室中还要安置各种型号的检测器。信号的收集效率与相应检测器的安放位置有很大关系。样品台还可以带有多种附件，例如样品在样品台上加热、冷却或拉伸，可进行动态观察。近年来，为适应块状实物等大零件的需要，还开发了可放置尺寸在 φ125 mm 以上的大样品台。

3. 信号检测放大系统

其作用是检测样品在入射电子作用下产生的物理信号，然后经视频放大作为显像系统的调制信号。不同的物理信号需要不同类型的检测系统，其大致可分为三类：电子检测器，阴极荧光检测器和 X 射线检测器。在扫描电子显微镜中普遍使用的是电子检测器，它由闪烁体、光导管和光电倍增器组成。

当信号电子进入闪烁体时将引起电离。当离子与自由电子复合时产生可见光。光子沿着没有吸收的光导管传送到光电倍增器进行放大并转变成电流信号输出，电流信号经视频放大器放大后就成为调制信号。这种检测系统的特点是在很宽的信号范围内具有正比于原始信号的输出，具有很宽的频带（10 Hz～1 MHz）和高的增益（10^5～10^6），而且噪声很小。由于镜筒中的电子束和显像管中的电子束是同步扫描，荧光屏上的亮度是根据样品上被激发出来的信号强度来调制的，而由检测器接收的信号强度随样品表面状况不同而变化，那么由信号检测放大系统输出的反样品表面状态的调制信号在图像显示和记录系统中就转换成一幅与样品表面特征一致的放大的扫描像。

四、实验内容及步骤

（一）样品制备

（1）将分散好的样品滴于铜片上，干燥后将载有样品的铜片粘在样品座上的导电胶带上（对于大颗粒样品可直接将样品粘在导电胶带上）。

（2）蒸金（对于导电性不好的样品必须蒸镀导电层）。将样品座置于蒸金室中，合上盖子，打开通气阀门，对蒸金室进行抽真空。

（3）选择适当的蒸金时间，达到真空度，定好时间后，加电压并开始计时，保持电流值，时间到后关闭电压，关闭仪器，取出样品。

注意：打开蒸金室前必须先关闭通气阀门，以防液体倒流。

（二）扫描电子显微镜的操作

1. 安装样品

（1）按"Vent"按钮直至灯闪，对样品交换室放氮气，直至灯亮；

（2）松开样品交换室锁扣，打开样品交换室，取下原有的样品台，将已固定好样品的样品台，放到送样杆末端的卡槽内（注意：样品高度不能超过样品台高度，并且样品台下面的螺丝不能超过样品台下部凹槽的平面）；

（3）关闭样品交换室门，扣好锁扣；

（4）按"EVAC"按钮，开始抽真空，"EVAC"灯闪烁，待真空达到一定程度，"EVAC"灯点亮；

（5）将送样杆放下至水平，向前轻推至送样杆完全进入样品室，无法再推动为止，确认"Hold"灯点亮，将送样杆向后轻轻拉回直至末端台阶露出导板外将送样杆竖起卡好（注意：推拉送样杆时必须沿送样杆轴线方向，以防损坏送样杆）。

2. 观察试样（注意：软件控制面板上的背散射按钮千万不能点，以防损坏仪器）

（1）观察样品室的真空"PVG"值，当真空达到 9.0×10^{-5} Pa 时，打开"Maintenance"，加高压 5 kV，软件上扫描的发射电流为 10 μA，工作距离"WD"为 8 mm，扫描模式为"Lei"（注意：为减少干扰，有磁性样品时，工作距离一般为 15 mm 左右）；

（2）操作键盘，按"Low Mag"和"Quick View"按钮，将放大倍率调至最低，点击"Stage Map"，对样品进行标记，按顺序对样品进行观察；

（3）取消"Low Mag"，看图像是否清楚，不清楚则调节聚焦旋钮，直至图像清楚，再旋转放大倍率旋钮，聚焦图像，直至图像清楚，再放大，直至放大到所需要的图像；

（4）聚焦到图像的边界一致，如果边界清晰，说明图像已选好，如果边界模糊，调节操作键盘上的"X、Y"两个消像散旋钮，直至图像边界清晰，如果图像太亮或太暗，可以调节对比度和亮度，旋钮分别为"Contrast"和"Brightness"，也可以按"ACB"按钮，自动调整图像的亮度和对比度；

（5）按"Fine View"键，进行慢扫描，同时按"Freeze"键，锁定扫描图像；

（6）扫描完图像后，打开软件上的"Save"窗口，按"Save"键，填好图像名称，选择图像保存格式，然后确定，保存图像；

（7）按"Freeze"解除锁定后，继续进行样品下一个部位或者下一个样品的观察。

3. 取出样品

（1）检查高压是否处于关闭状态（若"HT"键为绿色，点击"HT"键，关闭高压，使"HT"键为蓝色或灰色）；

（2）检查样品台是否归位，工作距离为 8 mm，点击样品台按钮，按"Exchang"键，"Exchang"灯亮；

（3）将送样杆放至水平，轻推送样杆到样品室，停顿 1 s 后，抽出送样杆并将送样杆竖起卡好，注意观察，Hold 关闭为样品台离开样品室。

4. 分析形貌

对阳极氧化法制备的二氧化钛电极进行扫描电子显微镜测试，结果如图 4-8-3 所示。

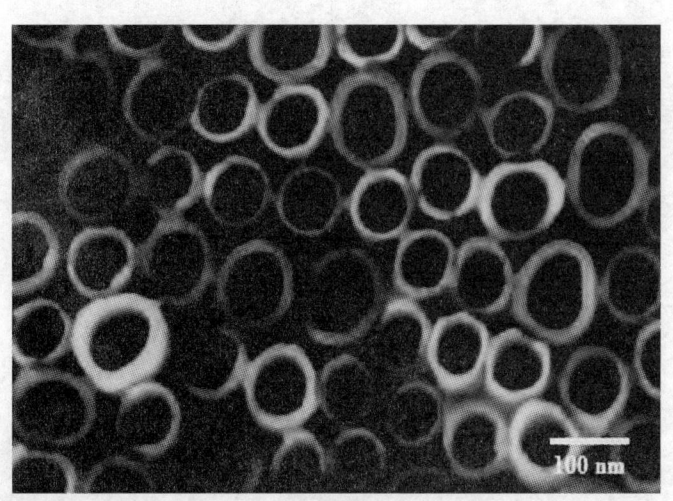

图 4-8-3 二氧化钛电极的扫描电子显微镜图像

二氧化钛电极整体呈纳米管阵列形貌，平整无破损，纳米管均竖直生长，排列整齐，管口直径为 60～80 nm，管与管之间无杂质附着，有均匀的空隙。所得电极具有较大的比表面积和纳米管的形貌优势，有利于充分地吸收光能，以提高光源利用率，促进降解反应效率的提高。

五、注意事项

样品的制备应符合测试要求，测试前要做好检查。

六、思考题

（1）扫描电子显微镜为什么将电子束作为光源？

（2）什么是分辨率？提高显微镜分辨率的途径有哪些？

（3）扫描电子显微镜样品的物理信号主要有哪些？二次电子、背散射电子和特征 X 射线各有什么特点及主要用途？

参 考 文 献

[1] 王长贵，王斯成．太阳能光伏发电实用技术 [M]．北京：化学工业出版社，2009．

[2] 李伟．太阳能电池材料及其应用 [M]．成都：电子科技大学出版社，2014．

[3] 赵争鸣，刘建政，孙晓瑛，等．太阳能光伏发电及其应用 [M]．北京：科学出版社，2005．

[4] WENHAM S R，GREEN M A，WATT M E，et al．应用光伏学 [M]．狄大卫，高兆利，韩见殊，等译．上海：上海交通大学出版社，2008．

[5] 沈辉，杨岍，吴伟梁，等．晶体硅太阳电池 [M]．北京：化学工业出版社，2020．

[6] 杨金焕，于化丛，葛亮．太阳能光伏发电应用技术 [M]．北京：电子工业出版社，2009．

[7] 沈辉，曾祖勤．太阳能光伏发电技术 [M]．北京：化学工业出版社，2005．

[8] 熊绍珍，朱美芳．太阳能电池基础与应用 [M]．北京：科学出版社，2009．

[9] 靳瑞敏．太阳能电池原理与应用 [M]．北京：北京大学出版社，2011．

[10] 田民波．薄膜技术与薄膜材料 [M]．北京：清华大学出版社，2006．

[11] 蔡珣，石玉龙，周建．现代薄膜材料与技术 [M]．上海：华东理工大学出版社，2007．

[12] 叶志镇，吕建国，吕斌，等．半导体薄膜技术与物理 [M]．杭州：浙江大学出版社，2008．

[13] 姜奉华，陶珍东．粉体制备原理与技术 [M]．北京：化学工业出版社，2019．